[意] 乔治·帕里西 —————— 著

文铮 —————— 译

GIORGIO PARISI

随椋鸟飞行

IN UN VOLO DI STORNI

复杂系统的奇境

LE MERAVIGLIE DEI SISTEMI COMPLESSI

新星出版社　NEW STAR PRESS

新经典文化股份有限公司
www.readinglife.com
出　品

献给与我长相厮守的妻子
丹妮拉·安布罗西诺

目 录 · Contents

与 椋 鸟 齐 飞

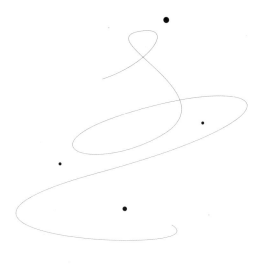

相互作用是一个重要的问题，也能用来理解心理、社会和经济现象。我们尤为关注的是鸟群中的每个成员如何能够相互沟通，从而协同一致地飞行，构成一个既表现出集体行为又具有多重结构的群体。

观察动物的集体行为是一件很美妙的事，无论是天上的鸟阵、水中的鱼群，还是成群的哺乳动物。

夕阳西下，我们看到成群结队的鸟形成了魔幻的景象，成千上万个舞动的小墨点在五彩缤纷的天空中格外显眼。只见它们一起飞来飞去，既不会撞到一起，也不会各自散开，它们飞越障碍，时而疏散，时而聚拢，不断变化着空间的排列，就好像有个乐队指挥在对它们下达指令。我们会良久地注视着这些鸟，因为眼前总是呈现新的景象，千变万化，出乎意料。有时候，即便面对这种纯粹之美，科学家也同样会犯职业病，于是许多问题就拍着翅膀飞进了他的脑袋。这到底是有乐队指挥还是它们自己组织的集体行为？信息是如何在整个鸟群中迅速传播的？它们的阵型怎么能如此快速地改变呢？这些鸟的速度和加速度是如何分配的？它们怎么能一起转向而又不相互碰撞？难道椋鸟之间那些简单的互动规则就能让它们做出复杂多变的集体运动，就像我们在罗马的天空中观察到的那样？

当感到好奇并想解答这些疑问时，你便开始研究了起来：以前是去查书，而现在可以上网。如果你运气好，会找到答案，但是万一没有答案呢？因为没有人知道这是怎么回事。那么，假如你的好奇心真是那么重的话，你就会开始反问自己，回答这个问题的人选是否非你莫属。这项前无古人的研究不会把你吓住，毕竟这就是你该干的工作：发挥想象，做些前人从来没有做过的事。然而，你不能把一辈子都花在打开那些你没有钥匙的装甲门上。启程之前，你必须知道自己有没有胜任的能力和支持自己进行到底的技术工具。谁也不能担保你一定会取得成功，打个比方说，你想让自己的心飞越这个障碍，但如果障碍太高，让你的心碰了壁，那最好还是打消这个念头。

复杂的集体行为

椋鸟的飞行让我格外着迷，因为这是一条重要线索，既关系到我的研究，也与现代物理学许许多多的研究息息相关，就是弄明白一个由众多相互影响的成分（参与者）组成的系统的行为。在物理学中，根据不同的情况，这些参与者可以是电子、原子、自旋或分子，它们各自的运动规律非常简单，但把它们放在一起，就会发生非常复杂的集体行为。自19世纪以来，统计物理学就在试图回答此类问题：为什么液体在特定温度下会沸腾或结冰；为什么某些物质能传导电流并能很好地传递热量（例如金属），而其他物质则是绝缘的……这些问题的答案在很久以前就已经找到了，但我们却仍在继续探索。

在所有这些物理学问题中，我们能够以定量的方式理解集体行为是如何从单个参与者之间简单的互动规则开始的。但我们面临的挑战是将统计力学技术的适用性从无生命的物质扩展到动物，比如说椋鸟。这些成果不只是与生态学和进化生物学相关，而且在相当长一段时间内，可以加深人们对研究经济与社会现象的人文科学的理解。在这些学科中，我们会研究大量相互影响的人，因此有必要了解单个个体的行为与集体行为之间存在的联系。

伟大的美国物理学家菲利普·沃伦·安德森（1977 年诺贝尔奖得主）在 1972 年发表了一篇题为《多者异也》的文章，这篇具有挑战意味的文章揭示了如下观点。他认为，一个系统的成分数量增加，不仅决定了系统的量变，还决定了其质变。因此物理学应该面对的主要概念问题是，理解微观规则与宏观行为之间的关系。

椋鸟之阵

要解释一个问题，我们必须先充分认识它。这样说来，一开始我们缺少一个关键信息：我们必须弄清鸟群是如何在空中运动的，但当时这个信息无从获得。事实上，那时候我们掌握的大量鸟群视频和照片（网上也很容易找到）都是从单一视角拍摄的，完全没有三维信息。某种程度上，我们就像柏拉图洞穴神话中的囚徒，只看得到投射在洞壁上的二维阴影，无法把握物体的三维属性。

恰恰是这个难题成为激发我研究兴趣的另一份动力：对鸟群运动的研究应是一个完整的课题。它包括实验设计、数据的收集与分析、用于模拟的计算机代码的开发、解读实验结果以得出最终结论。

大家知道，我一直从事统计物理学的研究，这一学科的研究方法对于椋鸟飞行轨迹的三维重建是必不可少的，但这项工作真正吸引我的是参与实验设计和实施环节。我们搞理论物理学的人通常都远离实验室，只与抽象的概念打交道。解决实际问题意味着要掌控许多变量，具体说来，就是从摄影镜头的分辨率到摄像机的最佳拍摄位置，从数据存储量到分析技术，每一个细节都决定着实验的成败。纸上谈兵的人根本不会意识到在战场上会遇到多少问题。我从不喜欢远离实验室的研究。

椋鸟是极其有趣的动物。几百年前，这种鸟在北欧度过温暖的月份，然后去北非过冬。如今，全球气候变暖导致冬季气温升高，此外我们的城市也变得越来越热，这不仅是由于城市面积不断增加，也是由于热源（家用取暖设备、交通）多样化的影响。因此，很多椋鸟不再飞越地中海，而是留在意大利的一些沿海城市过冬，其中就包括罗马，这里的冬天要比从前温暖得多。

椋鸟在 11 月初来到罗马，3 月初飞走。它们的迁徙活动非常准时，迁徙时间可能不完全取决于温度的高低，而是取决于天文原因，例如日照持续的时间。在罗马，椋鸟夜间会在能遮风御寒的常绿乔木上栖息；白天，在城市很难觅食，它们就结成百余只规模的小组，飞到环城公路以外的乡下找吃的。它们是习惯集体生活的群居动物：当它们在一片田地停留时，一半的鸟安心进食，另一半则在田地四周，仔细观察可能会出现的捕食者；当它们来到下一片田地时，双方互换角色。到了晚上，椋鸟回到温暖的城市，在树上栖宿之前，会组成庞大的鸟阵，在罗马的天空中盘旋。但不管怎么说，椋鸟仍然是对冬天的寒冷非常敏感的动物：一连几夜寒风凛冽之后，很容易就能发现，在那些不足以遮蔽风寒的大树下散落着很多它们的尸体。

因此，如何选好栖息之所是一个生死攸关的问题。它们在薄暮时分的空中舞蹈很可能是发出一种信号，从远处就可以看到，表示这里有适合过夜的宿舍。这就像一面挥舞着的巨幅信号旗，极其显眼。我本人在清朗的冬日暮色中，亲眼见过鸟群在十来公里外的这些舞蹈动作。它们是一片灰黑色的斑点,当远处地平线上还有一线光明的时候,就在天幕中宛若变形虫一样运动。随着光线的减弱,率先从乡下觅食而归的鸟群开始越来越疯狂地飞舞,晚归的鸟群也纷纷回城,最终汇集成一个个由数千只椋鸟组成的鸟阵。大约在日落后半小时的样子,日光已然彻底消逝,这些鸟便飞快地投向栖宿的大树,这些大树也像落水洞一样将它们完全吸纳。

游隼经常在椋鸟群附近出没,为晚餐觅食。不留意的话,根本不会发现它们,我们的注意力都集中在椋鸟身上,只有少数专门寻找游隼的人才会注意到这些猛禽。尽管游隼是翼展一米的猛禽,俯冲的时候速度能达每小时 200 公里以上,但椋鸟也并不是容易被捕食的猎物。事实上,如果一只游隼在飞行中与一只椋鸟相撞,那么游隼脆弱的翅膀可能会断裂,这是致命的事故。因此,游隼并不敢进入椋鸟阵中,而只是伺机捕捉边缘落单的家伙。面对游隼的袭击,椋鸟做出的反应是彼此靠近,收拢队伍,迅速改变方向以躲避游隼致命的利爪。椋鸟一些最引人注目的队形变换正是为了对付游隼的反复攻击,为捕获椋鸟,游隼得反反复复发起很多次进攻。椋鸟的许多行为很有可能是出于在这些可怕的袭击中求生的需要。

我们的实验

现在回头看看这项实验课题。我们遇到的第一个难题是如何获取鸟群及其形状的三维图像，并且通过对连续拍摄的各种照片进行组合，重建三维影像。理论上非常容易做到，这个问题可以用一种简单的方法解决：我们都知道，想要看到三维效果，只要同时使用双眼即可。同时从两个不同的角度看，即使这两个角度和我们的眼睛一样近，也能让大脑"计算"被观察物的距离，从而构建三维图像。如果只用一只眼睛，你对图像的纵深就没有概念了。你可以轻轻松松地体验到这种感觉，闭上一只眼睛，试着用一只手抓住摆在你面前的一个物体，结果与物体的实际位置相比，手不是远了，就是近了。蒙上一只眼睛打网球或乒乓球的话，就注定会输球。然而，想让实验正常进行，我们就必须分辨出哪只鸟是左边相机拍的，哪只鸟是右边相机拍的，如果每张照片中都有数千只鸟的话，这一操作就会变成一场噩梦。

显然，这是一块难啃的硬骨头。在目前的科学文献研究中，一些能被三维重建的照片上最多也只有20来只动物，还需要手动识别，我们当时想要重建的却是好几千张照片，而且每张照片上都有几千只鸟。这项工作自然无法手动完成，必须依靠计算机进行识别。

在没有做好适当准备的情况下挑战某个问题就等于自讨苦吃。我们成立了一个小组，其中不仅有物理学家——除了我，还有我的老师尼古拉·卡比博和我最好的两个学生安德烈亚·卡瓦尼亚、伊莱内·贾尔迪纳——还有两位鸟类学家（恩里科·阿莱瓦和克劳迪奥·卡雷雷）。2004年，我们与已故的经济学家马尔切洛·德·切柯和其他欧洲同事们一道，向当时的欧共体提交了经费申请。申请得到批准，实验终于可以启动了，我们让即将毕业的本科生和博士生参与进来，并着手购买设备。

我们将相机架设在马西莫宫的屋顶上，这座美丽的建筑是罗马国家博物馆所在地，可以俯瞰特米尼火车站前的广场，那些年（第一批数据是在2005年12月至2006年2月之间收集的）这地方被椋鸟选中，成为它们最热闹的宿舍。我们使用的是更高端的商用相机，因为摄像机的清晰度仍然太低。两架相距25米的相机保证我们能够以约10厘米的空间精度捕捉到距我们几百米的两只椋鸟的相对位置，这个精度足以分辨两只相距约一米飞行的椋鸟。我们在距其中一架相机几米的地方增设了第三架相机，当两只鸟在两架主相机中的一架上相互重叠时，第三架相机就可以为我们提供基本的帮助，让我们在各种情况下都能完成尤为艰难的三维重建。

三架相机同时以毫秒的精度每秒拍摄五张照片（我们必须设计一种简单的电子设备来操控相机）。实际上，我们在每个机位上都安装了两台相互连接的设备，它们可以交替拍摄，使图像频率翻倍，所以我们其实每秒拍摄了 10 帧图像。事实上，我们并不比通常每秒拍摄 25 至 30 帧图像的摄像机差多少。虽然我们用的是相机，但实际上拍出的是小电影。

在此我要省略所有技术问题不谈，例如相机的整齐排列（这是用一根拉紧的渔线做到的）、对焦和校准、海量兆字节信息的快速存储……最终我们都做到了，这也要归功于安德烈亚·卡瓦尼亚坚韧不拔的精神，我很愿意将这些工作的指挥权让贤给他，他的确是一个比我好得多的组织者，因为很多杂事会让我分心。

显然，我们不仅需要拍出 3D 电影，从技术角度来看这是一个非常费工夫的活儿，还必须重建三维位置。有了电影院里的 3D 电影，这件事就好办多了：我们每只眼睛看到的是由一台设备拍摄的东西，然后我们这个经过数百万年进化而来的大脑就完全能够生成三维视图，将我们在空间中所见物体的位置确定下来。我们在计算机上使用算法时面临类似的任务，这是挑战的第二部分。我们深化了统计分析、概率和复杂数学算法的全部技能。一连好几个月，我们都在担心不能成功，因为有时你攻克了一个太难的问题，然后又会无功而返（事先不可能知道）。幸运的是，经过艰苦的工作，发明了必要的数学工具，我们找到了一个接一个解决难题的策略，在拍出第一张高质量照片的一年后，终于得到了第一张三维重建图像。

飞行研究

虽然研究椋鸟的行为明显是生物学家的事，但对于个体三维运动的定量研究则需要只有物理学家才具备的分析能力。在几百张照片上同时分析数千只鸟，以重建单个标本在空间和时间上的轨迹，是我们这个专业的一项典型工作。适用于这些分析的技术与我们为解决统计物理学问题或分析大量实验数据而开发的技术有很多共同之处。

经过近两年的工作，我们在世界上率先拥有了椋鸟群的三维图像。只是通过简单的观察，我们就学到了很多东西。当我们在地面上用肉眼观察鸟阵时，最令人印象深刻的特征之一就是看到它们飞快地变化形状。这一点很难向从未亲眼看见的人描述：天空中飞舞着一片片形状变化无常的物体，它们霎时变得很小，挤压在一起，霎时又延展开来，变来变去，忽而变得几乎看不见，忽而又黑压压一片。无论是形状还是密度都变幻莫测。

曾经有人试图利用计算机重现这种飞行状态，许多飞行模拟都是以大致呈球形的鸟阵为出发点的。然而，我们得到的第一批三维照片向我们展示的鸟阵却更像扁平的圆盘。正是由于这个原因，我们才会看到形状的快速变化：一个盘状物体，根据观察角度的不同，可以呈现不同的形状，从正面看它会变得又大又圆，从侧面看就会变得又小又扁。因此，这种形状和密度巨大而急速的变化是鸟阵与我们的相对方向发生变化时呈现出的三维效果（尼古拉·卡比博在做实验之前曾做出这样的解释，但在没有观测数据的前提下，我们无法证明他的直觉是正确的）。

然而，我们极其惊讶地发现，鸟阵边缘的密度与中心的密度相比，几乎高了 30%。椋鸟越是靠近鸟阵边缘就互相离得越近，越接近中心则离得越远。这有点像在拥挤的公共汽车上，越是靠近车门，乘客就越密集，刚上车的人、要下车的人，甚至连要继续留在车上的人都挤在车门旁边。如果我们想当然地把鸟阵中的鸟看作相互吸引的粒子，那么结论就是鸟的密度在中心位置最高，在边缘上会降低。但事实恰恰相反。这些鸟阵的边缘非常清晰，很难见到一只鸟离群索居。这种行为很可能是出于生物学原因，即椋鸟为了抵御游隼的袭击。一只落单的鸟很容易被捕食，鸟阵边缘的鸟彼此之间靠得越近，就越难被游隼抓住。处于边缘的鸟倾向于相互靠近作为防御措施，居中的鸟就不用贴得那么紧来获得安全感，因为它们已经被边上的同伴保护了起来。

还是通过第一批照片，我们发现每只鸟与前后同伴保持的距离往往比与两侧同伴的距离远。这有点像高速公路上的汽车：两辆汽车保持两三米的横向距离是完全正常的，前后车距两米则绝对不可取。

此外，这种前后距离大而两侧距离小的趋势不仅出现在密集的鸟群（平均距离约为 80 厘米）中，也出现在稀疏的鸟群（平均距离约为 2 米）中。这种现象并不取决于鸟与鸟之间的距离。我们有理由推测，这不是由动力学问题造成的，不像两架飞机之间总要保持一定距离，以避免对方的湍流，否则，当两只鸟之间的距离更大时，上述现象的效果就会小很多。之所以产生这种现象，是因为它们采取彼此定向的方式，以保持轨迹而不会相撞。

一些新东西

椋鸟定位的这一特点让我们获得了一个完全意想不到的结果：椋鸟之间的相互作用与其说取决于它们之间的距离，不如说取决于距离最近的鸟之间的联系。这似乎是顺理成章的：如果和朋友们一起跑步，为了跟上别人的脚步向右转，我的注意力就会集中在最近的朋友身上（他离我只有一米或两米远），我几乎不会关注离我较远的那位朋友在做什么。其实，事后看来，这本是明摆着的事。然而，在物理学和数学领域，为首次了解一项新事物需要付出巨大努力，但通过各种步骤得出的结论却又简单而自然，此二者之间的不平衡往往令人大跌眼镜。工作完成后，科学研究就像诗歌创作一样，没有任何迹象表明创作过程的艰辛，以及与之相伴的怀疑与彷徨。

物理学，从牛顿万有引力定律开始（"两个物体之间的引力与距离的平方成反比"，你还记得吗？），已经习惯性地认为相互作用取决于距离。直到这些实验数据把结果摔到你的脸上，你才意识到距离在决定相互作用的强度上起到的只是边缘作用。

那具体说到我们的情况呢？首先，我们已经以定量的方式阐释了此前的观测结果，即椋鸟具有与前面同伴保持最大"安全距离"的倾向，与两侧同伴则没有。这样我们就定义了一个被称为各向异性的量（在物理学中，一个量如果根据空间方向的不同而具有不同的值，它就具有各向异性）。我们如果在一组给定鸟群的照片中测量了每两只相邻鸟的各向异性，就会得到一个很高的值，但对于远处的鸟而言，这个值几乎为零。到目前为止，我们还是很满意的，我们预计离得远的鸟不会有关于它们相互位置的信息，并且侧面距离和正面距离之间没有差别也合乎情理。

然而，当我们比较不同组照片中所测的相同鸟间距的各向异性时，却出现了严重的问题。这种做法完全不对，有时相距两米的椋鸟各向异性非常大，而在其他几组照片中，同样距离的椋鸟各向异性却完全可以忽略不计。这些数据看起来没有意义。最后我们意识到，比较不同鸟群中距离相同的两只鸟的飞行状态是行不通的，因为相邻鸟之间的距离会因鸟群的不同而存在非常大的差异。

我们改变了观点：我们为每只鸟都确定了邻居一号，也就是离它最近的同伴，然后是邻居二号、邻居三号……我们发现这些邻居一号的各向异性都很高，邻居二号的则相对较小，到了邻居七号时各向异性就几乎为零了。乍一看，信息似乎没有比之前的分析更多：各向异性随着距离的增加而减小。然而，当我们比较鸟群时，情况发生了变化：不同鸟群的第一对邻居各向异性是相同的，即使这些成对的邻居之间的平均距离在一个群体中是另一个群体的两倍多。在这一点上，我们并没有做出智力上的巨大努力：数据迫使我们假设鸟类之间的相互作用并不取决于邻居之间的绝对距离，而是取决于距离的相对关系。

这是我们2008年第一次工作的成果。台伯河水滚滚流逝。研究小组的组成发生了变化，我开始全职从事玻璃的研究工作，新的资金也到位了，我们购买了更先进的新设备：市场上出现了每秒可拍摄 160 帧的相机，分辨率为四兆像素。

　　此前我们已经进行了大量工作，引入了新想法、新算法，目前可以以百分之几秒的精度确定鸟群转弯时每只鸟开始转弯的时刻。在鸟群中，几乎总是一侧的一小群鸟先开始转弯，并且在很短的时间内所有的鸟都相继完成转弯的动作，小群用的时间只有十分之几秒，大群则要整整一秒。在对数据的长期分析和细致的理论考量之后，我们对鸟群的行为进行了定量，即便是在转弯的时候，也可以有非常详细的认识：鸟类遵循简单的规则，它们运动时是根据临近各鸟的位置进行自我调节的，遵循的规则都可以用有效的测量方式还原出来。转弯的信息在一只鸟和另一只鸟之间快速传递，就像一个极其迅速的口令。

　　我们的研究彻底改变了此前用于研究鸟群、羊群和其他动物群体的范式。事实上，在我们的工作之前，人们理所当然地认为相互作用取决于距离。然而，从我们的工作开始，大家就必须意识到相互作用总是发生在相邻最近的个体之间。但也许最有趣的结果是，这是一个具体的例子，明确地表明人类可以同时跟踪数千只鸟的位置，还能从中提取有用信息以了解动物的行为。

　　我们的结论之所以成为现实，是因为我们使用定量技术对一大群动物的行为进行了统计学研究。我们确立了在生物学中运用方兴未艾的统计物理学技术以解决无序和复杂问题的新研究标准。并非所有的生物学家都乐于见到这种跨界行为，有些人对我们的成果很感兴趣，而另一些人则指出，在我们的研究中生物学成分太匮乏，而数学成分又太丰富。这项成果的论文一度被很多期刊拒绝，或许他们都追悔莫及。在我们发表的第一篇文章取得巨大成功之后，现在已被近2000篇科学论文引用，后续还有更多。

　　生物学正在经历一个巨大的转型时期：对大量超比例增长的数据的识别，使定量研究方法的使用不仅成为可能，而且是必不可少的。这些方法既可以是恰如其分的，也可以是不合时宜的，这在很大程度上取决于研究的背景。特别是生态学领域，在动物行为研究中，数学的过多介入很可能产生负面反应。事实上，生态学家探寻某些行为的原因，而有的人可能会认为，定量方法纯粹是描述性的，并不触及生态学研究的核心。

　　然而随着时间的推移，许多科学学科的精神发生了变化。这是通过激烈的争论得以实现的：哪些方法论是科学的、行之有效的，而哪些方法论却因无法满足学科的真正需要而被淘汰。关于这个问题，我想起了伟大的量子力学之父马克斯·普朗克那番愤世嫉俗的言论："新的科学真理之所以能够取得胜利，并不是因为那些反对它的人被说服，看到了光明，而是因为反对者最终死去，取而代之的是谙熟新概念的新一代。"我比普朗克更乐观，我认为只要有美好的意愿和足够的耐心，就有可能——至少在大多数情况下——达成共识，或起码能澄清分歧。

物 理 学 在 罗 马 ，
五 十 多 年 前 的 事

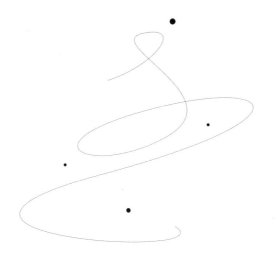

我曾经有这么一个印象——没有任何理由——物理比数学更难，因此我发现搞物理会让我面对更多质疑，是一个更大的挑战。

保存对过去的记忆非常重要，在科学领域也不例外，而且更应如此。这就是为什么我想回忆一下我大学最初几年的时光，以及当时物理学的状况。我不是一个历史学家，所以我仅限于讲述自己的记忆，那是一个对基本粒子物理学感兴趣的理论物理学家的记忆。

我 1966 年 11 月入读罗马大学。那时候，一二年级的学生不能在物理学院随便闲逛。我们有普通物理学和物理实验课，但在这些情况下，必须走后面的门，因为学生成群结队从正门进进出出被认为是不成体统的。正门被阿戈斯蒂诺牢牢把住，他是物理学院的资深门房，有着令人生畏的记忆力，记得每一个人和每一件事。阿戈斯蒂诺会拦住一二年级的学生，问他们意欲何往。事实上，大多数学生无事可做（除特殊情况外），他便会赶走他们，让他们绕到后门去。

我们一年级大约有 400 名注册生，那时没有麦克风，教授们不得不扯着嗓子说话好让学生听到。普通物理学绝对是最重要、最有意义的课程，由爱德华多·阿马尔迪和乔治·萨尔维尼分学年轮流讲授。我遇到的是萨尔维尼，他简直就是个表演大师，而阿马尔迪则相反，更中规中矩。有一次，萨尔维尼带着一把旋转椅来，他开始快速旋转，双腿抬起，手里拿着两个沉重的铁哑铃，向我们展示当收回手臂时他会旋转得更快，张开手臂时速度就会放慢。舞蹈演员很熟悉这种现象：做旋转动作，首先要张开双臂，在旋转过程中双臂则要收回。那堂课以阐明角动量守恒定律作为结束，这条定律解释了我们观察到的现象。

我们从正门进主要是为了去"小物理"实验室,称之为"小物理"是为了区别于普通物理学实验室,那个实验室名曰"大物理"。实验练习都是在迷宫般的地下室进行的（我记得那些房间都很潮湿，全部是水泥地面），每个房间都有不同的实验要做（大气压力，重物从几乎没有摩擦力的斜坡上滑落，测量让冰融化所需的能量……）。我们三十人一组，每个房间十张桌子，每张桌子三人，三人一队做实验，持续整个学年。在这样的情况下，很难见到比我们年龄大的学生，我们与不同年级的学生没有接触。

1968 年

1968 年一切都变了。不仅是大学，还包括意大利、欧洲乃至全世界的整个政局。随之而来的是全社会巨大的政治激进化浪潮，以及对传统习俗的反思。像我这种保持温和右翼倾向的人，一般都投票支持自由党或天主教民主党，而我们这些人一旦被抛入社会冲突的洪流之中，则纷纷转向了马克思主义思想。关于 1968 年的历史及其前因后果，人们已经费尽笔墨，不用我在这里多谈。但我想说说 1968 年对物理学院的影响。对我来说，这一切都是从物理大教室开始的，在那里召开了一个拥挤不堪的代表大会（参会代表人数是 300 个座位数的两倍）。大会开了整整一下午，直到晚上九点才投票决定是否占领学院。结果"占领"获得大多数人支持（好像是二比一），这是我们学生自己做出的决定，就这样，物理学院所发生的一切事情的责任就落在了我们头上，当然也落在那些投反对票者的头上，因为即便投了反对票，他们终归还是承认这次投票的合法性。

社会运动党的卡拉东纳议员在新法西斯行动队的簇拥下闯入大学，他们手里都拿着用意大利国旗缠绕的坚硬长棍，乔治·卡雷里院长完全被眼前的一切震慑住了，他非常担心物理学院二楼的图书馆会发生火灾，这也是因为我们的灭火器都被拿到了文学院，以便对付那里的袭击者。卡雷里走到在学院门口执勤的学生身边，表示了他的担忧，并最后说："如果实在不可避免的话，就让它发生在一楼吧。"

占领期终于过去了，不同年级的同学之间，以及学生、助教和年轻老师之间的所有隔膜都已消除。随之而来的是学术界不同成员之间都建立起浓厚的社会化氛围：后来我才发现，物理学院的教授中有个保罗·卡米兹，他在民谣音乐会上表演了一首来自法国香颂歌手①的原汁原味的曲目，现在很容易在 YouTube 上找到。

那时候，物理学院有两个书刊阅览室。其中一个的墙壁上放满数十年间收藏的杂志，营造出一种静穆的气氛。另一

① 指法国演唱世俗歌曲和流行歌曲的歌手。

个阅览室就喧闹得多，下午快结束的时候，大家在那里有说有笑，甚至还打桥牌（在物理学家看来，别的大众化纸牌游戏显然不够严肃）。和现在相比，那时候在学院度过的时间要长得多。晚上九点以后，学院会打开后门，让白天要工作的学生进来，因为他们没有别的学习时间。

在我看来，我们那会儿的物理学院要比现在的物理系年轻得多。显然我也比现在年轻，比现在年轻五十多岁，当然我那时候经常接触的人也比现在见的人年轻，客观上讲，物理学院的确是最年轻的。那时候，意大利物理学的伟大领军人物爱德华多·阿马尔迪 60 岁，有时我们亲切地称他为"老爸"。在阿马尔迪的领导下，执掌日常教务的教授有乔治·萨尔维尼、马尔切洛·孔韦尔西、乔治·卡雷里和马尔切洛·奇尼，他们都不到 50 岁，肯定比现在的教授年轻。

尼古拉·卡比博是 1966 年到罗马大学的。他 31 岁当上正教授，这一荣职是为表彰他提出的基于名为"卡比博角"的弱相互作用理论，这一发现本来能让他稳获诺贝尔奖。他是意大利整个理论物理学界的顶尖人物，1968 年他 33 岁，与弗朗切斯科·卡洛杰罗同龄，这个卡洛杰罗曾于 1995 年作为帕格沃什科学与世界事务会议秘书长领取了诺贝尔和平奖，这是一个非政府组织，旨在确保科学发展与世界和平趋势的协调。

很多理论物理学的助教简直太年轻了，最多30来岁。当然也有岁数大的老师，比如恩里科·佩尔西柯，他于1969年不幸去世，还不到69岁。不过，我与他们没有太多来往，因为最重要的教学任务都是由45岁上下的教授承担，情况与现在相去甚远。

这不仅是一个年轻学生的印象，还有其历史原因。20世纪50年代，意大利的大学爆发式发展，成为我们现在看到的大众化学府。特别是物理学得到了长足发展，获得大量资金投入，这也要归功于阿马尔迪，他是欧洲核子研究中心（CERN，欧洲核研究组织）第一任秘书长，他的研究活动是完全国际化的，在国外获得的声誉也使他在意大利声名鹊起。在其他院系占主导地位的传统等级制度（那些声名狼藉的学术大佬）在物理学院已经行不通了，最优秀的科学家很快就登上了学术权力的巅峰（我32岁就获得了教席）。那时毕业几年后就可以获得相应的编制。我1970年开始在弗拉斯卡蒂国家实验室工作，当时才22岁，我的两个朋友奥雷利奥·格里洛和塞尔吉奥·费拉拉也才25岁，他们都有了编制。但现在，到了这个年龄，如果一切顺利，我们顶多是个在读的博士研究生。

科学交流

我们习惯了在互联网上轻松地交换文本或进行通话，成本几乎为零，以至于很难想象那个时代的科学交流是什么样的。

国际长途电话的费用令人难以置信。打往美国的电话费用是每分钟 1200 里拉，而我第一份研究员工作的月薪是 125 000 里拉，一个半小时的电话快花光我的月薪了。物理学院其实还没有传真，只有一台电传机（实际上就是一台电报终端机），非常笨重不便，因此很少使用。

电话仅在特殊情况下使用。最有趣的一件事是在 1974 年 11 月发现 psi 粒子的时候发生的。这种粒子由两个粲夸克组成，这一发现对基本粒子物理学产生了重大影响，因此被称为"十一月革命"。美国两个实验室几乎同时发现了它。消息迅速传遍全世界。弗拉斯卡蒂实验室认为自己也有能力观察到这种粒子。大家立即修订当时的实验参数，仅一周后，我们也观察到了 psi 粒子，在场的物理学家无不感到欢欣鼓舞。

这是一个极为重要的结果。尽管是在美国人之后根据他们的实验信息而获得的，但也展示了意大利强大的实力。然而，当务之急是给最重要的物理学期刊《物理评论快报》写一篇文章，并与那篇美国文章发表在同一期上。时间刻不容缓，那一期期刊的截稿日期已经临近。观察到粒子后，文章在周末匆忙完稿，为了争取更多时间，文章是通过电话听写的，这完全是一个不同寻常的过程。就连图形和图表也是口头传输过去的，我们口述各点的坐标，一些朋友在大西洋彼岸还原出这些图形。作者的名字（一百来人）也是用电话听写的，结果很滑稽。当时是乔治·萨尔维尼本人负责朗读听写内容，他在拼读作者姓名时，为了让对方听清，总是把字母"S"解释为"萨尔维尼（Salvini）的首字母S"。作者名单上他的姓名居然被漏掉了，因为他的姓被写成了一个字母"S"：本来应该是"G.萨尔维尼，M.斯皮内蒂……"，但被对方误写成了"G.S.M.斯皮内蒂"[1]。看来一份细致的勘误表是必不可少的。

在科学合作中，我们的往来信件往往会很长，上面写满各种公式。然而在意大利，写信这种交流方式尤为令人不悦。我们的邮政系统太差劲，航空信居然要十五天才能收到。所以

---

[1] 萨尔维尼在读自己名字的时候，对方误认为他的姓"Salvini"和前面一样都代表的是字母"S"。

远程合作几乎是不可能的，大家必须同在一个地方开展研究。

　　1970 年春天，尼古拉·卡比博把我和比我大一点的马西莫·特斯塔叫到一起，给我们看了一封卢奇亚诺·马亚尼寄给他的亲笔信，此时他离开罗马在哈佛大学进行为期一年的工作。马亚尼告诉我们他与谢尔顿·格拉肖和约翰·伊利奥普洛斯一起取得的一些成绩。这封信让我记忆犹新的不仅是他们的重大科研成果，还有结尾的这句话："我们把孩子连同洗澡水一起泼出去了。"[①]事实上，这封信要告诉我们，尼古拉·卡比博和卢奇亚诺·马亚尼几年前开始的一项研究计划已经到达了终点，也就是试图计算卡比博角的那项计划。虽然这个角度无法计算，但是这封信提到，该角度成为他们三位创始人合作的基础，合作成果后来以三人姓氏（格拉肖－伊利奥普洛斯－马亚尼）首字母命名为"GIM 机制"。为了解释粒子之间的一些相互作用是如何被或不被允许的，GIM机制预言，必然存在中性弱电流和粲夸克。后来，这些预测都得到了实验的验证，第一次是在 1973 年，第二次是在 1974 年，这都是我们亲眼所见的。

———————————
① 指卡比博和马亚尼因无法计算出卡比博角而结束研究，但也因此错失了发现 GIM 机制的机会。

技　术

那时我们大多数的简单计算都是手工完成的，顶多借助经常放在口袋里的计算尺。计算尺这种工具现在只有在博物馆才能见到，它可以帮助我们快速计算两到三位数的乘法，后来被便携式计算器取代了。我清楚地记得 1973 年自己第一次看到便携式计算器时的惊讶，买上一台需要花掉我一个月的工资。

电脑，更确切地说被叫作计算机，在那时与今天的大不相同。不过，它们与现在的电脑有个共同特点。我有一位好朋友，比我大几岁，叫埃托雷·萨鲁斯蒂，有一次在走廊上碰见我，他手里拿着一包打孔卡片，明智地告诫我说："你要小心啊，计算机毒害不浅。"恶毒是计算机的一大特点，尽管几代计算机科学家都付出努力，但从未将其根除，但凡有一次忘记保存正在处理的文档，那种崩溃的感觉就会让我们痛彻心扉。

那时我们的主机是一台功能强大的 UNIVAC 机，只有技术人员才能使用，机房在离物理学院几百米远的一座大楼的地下室。这台机器的内存，不算磁盘的话，差不多有十分之一兆字节，大约是我现在手机的百万分之一。那座大楼二楼有一些带键盘的计算机，简直就是体型巨大的打字机，它们在包含程序指令的卡片上打孔，每张卡片上写着一行代码，最多 80 个字符。大厅中央明晃晃地供着一台终端机，里面插着用穿孔器辛辛苦苦写出的卡片包；终端机读取卡片的速度很快，每秒好几十张。经过少则一分钟，多则几个小时的等待，一台高速打印机会在大的打印纸上打出运算结果。经常听到有人惊呼："该死，我漏了一个分号，得重写卡片，全部从头再来了！"把卡片放进读卡器需要排队，有的人带来的卡包很小，里面只装着一百来张卡片，有的则带着几千张，装在特殊的容器里，像个长长的小抽屉。有一次，一位同事绊了一跤，装在一米来长的盒里的卡片散落一地，他慨叹道："数据分析就此结束。"这些都是程序卡，相当于研究工作三分之二的内容，把散落在地上的上千张卡片重新按序整理好将是一个漫长的噩梦。面对这不完整的数据，他决定随遇而安，结束此项研究工作，转而研究别的问题。

那时候无法想象让计算机以数字方式录入数据，根本没有具备这种功能的机器，也没有能将测量仪器和计算机连接起来的端口。我们只能用手抄录仪器测量的数据以开展下一步工作。在一个特殊的情况下，为了分析快速出现的信号，我们使用了一项比较先进的技术：用一条热敏纸带以每秒一米的速度前进，让一支热敏笔录写信号，就像心电图一样，但速度要快得多。

在粒子物理学中，经常要用到几米大小的火花室。粒子通过舱室会产生火花，因此我们就有可能还原其运动轨迹。这就要对火花进行拍照，然后标记它们的坐标。这项操作（扫描）是要把照片投影在大工作台上，工作人员（均为女性）的手臂则要像受电弓一样移动，当手臂移动到正确位置，她们就按下按钮打印出打孔卡片。这些女士在三楼的一个大房间里工作，被戏称为"扫描仪"[1]，她们这项单调乏味的工作是所有粒子物理学实验的基础。

基本粒子理论物理学

当时，在我们年轻学生圈里，基本粒子理论物理学被视为终极学科。许多比我大一岁的朋友都极其聪明，但却无法跟着尼古拉·卡比博完成毕业论文，有非常多准毕业生申请

---

[1] 在意大利语中，"女扫描员"和"扫描仪"是同一个词。

让卡比博当论文指导老师。因此他们不得不选择和其他教授写一篇其他领域的论文，其实所有这些教授都是意大利最优秀的名师，但在同学们看来，那样做只是权宜之计，是承认自己失败。

为什么基本粒子理论物理学享有如此高的声望呢？在罗马，费米的遗风犹盛，与日内瓦的欧洲核子研究中心联系极为密切，这是欧洲乃至世界上最大的粒子物理中心。但只凭这两点还是不够的。有一种神秘的氛围笼罩着粒子理论物理学。现在我们都知道夸克的存在了，它被起到黏合作用的胶子结合在一起，是质子和中子的组成部分，还有一种理论，即量子色动力学（QCD），可以用来计算它们的性质。

在那个时代，人们对此几乎一无所知。从20世纪30年代开始，质子和中子为人所知，慢慢地到了五六十年代，人们发现还有许多粒子，但很难观察到，因为它们的平均寿命很短：这是一个快速衰变的粒子家族，今天被称作重子，其中质子和中子是唯一不会快速衰变的，因为它们最轻。看起来质子或中子没有其他特殊性质了。

事实上，存在着一个完整的、成员众多的相似粒子家族，人们还观察到了它们某些类型的衰变，但其他类型的衰变却没有被观察到，这使人想到，这些粒子可能是由各种成分组成的，这些成分以多种方式混合后，生成不同的物质。化学物质几乎是无穷无尽的，它们由一百多个不同的原子组成，而原子则由原子核和电子组成，原子核又由质子和中子组成，那么质子和中子该是由什么组成的呢？

那时候，这个问题回答起来并不容易，也没有明确的指向。1962 年，美国人杰弗里·丘提出了一个革命性的观点——靴祥理论（Bootstrap）。这个词被今天搞计算机的人拿来作为行话，指的是计算机的启动过程，但当时只有极少数非常专业的技术人员才使用。"Bootstrap"这个英文术语的意思是"靴后跟的系带"，有句意大利谚语说："提着靴袢是不能让自己离开地面的。"（如果你还没有尝试过，那么验证起来也不难。）根据靴祥理论，每个粒子都是以某种方式由所有其他粒子组成的，基本粒子之间有一种"民主"，没有哪种粒子比别的粒子更重要。几千年以来对于物质组成元素的研究（早期的观点之一是"水、空气、火和土"）已经到达终点，其实并没有所谓的组成元素，只有各种粒子之间的关系——这个观点在当时取得了巨大的成功。当靴祥哲学已经濒临灭亡的时候，弗里乔夫·卡普拉在 1975 年出版的《物理学之

"道"》一书中，将这种理论归因于东方哲学，但在我看来，倒更像是黑格尔唯心主义的余音。

当时许多思想学派都试图用这样那样的自然原理来梳理数量庞大的数据信息，例如各种类型的对称性原理、不可能以比光速更快的速度传输信息，等等。这些流派彼此之间鲜少交流，视野是有局限的，而靴袢理论则是当时最为激进的观点，旨在形成一个完整的理论体系。

专业的读者可能会问："为什么不使用夸克理论呢？"夸克的概念由默里·盖尔曼和乔治·茨威格在1964年提出，几个月后奥斯卡·格林伯格又为夸克加上了颜色（每种夸克都有三种不同的颜色）。最初，夸克是作为数学简化方式而被引入的，尽管科学家进行了非常周密的实验研究，但还是没有人能够观察到它们，这让人很难相信夸克的存在。后来，一种所谓的"野鸡肉与小牛肉的哲学"占了上风，在与瓦伦丁·特莱格迪讨论后，盖尔曼将这一构想用在了1964年一项著名的成果中。盖尔曼曾使用夸克模型推导出一系列方程，但对他来说，这些方程比他一开始使用的夸克模型重要得多，使用夸克模型只是得出方程的简单方法。就此，他可以忘掉夸克模型，只保留最后得到的方程了。他使用的这种方法类似于一道法国菜的烹饪方法：在两片小牛肉之间夹一片野鸡肉一起烹制，菜上桌之前只留下野鸡肉，而把小牛肉扔掉。即便是那些非常严肃对待夸克模型的人也无法掌握它，最多只是些皮毛而已。

20世纪60年代末，情况慢慢发生了变化。新的实验数据产生，理论得到完善，最终人们意识到夸克和有色胶子或许可以用来解释这些实验数据。这一观点随着1974年"十一月革命"的发生最终取得了成功：psi粒子的发现及其奇特的性质使科学的天平最终偏向了我们现在熟知的这种理论。

那么，靴袢理论最终怎么样了呢？

在世界上最重要的研究中心之一——以色列魏茨曼科学研究所，有一个强大的物理学家团队，领军人物是阿根廷杰出的科学家赫克托·鲁宾斯坦。在他的领导下，米格尔·维拉索罗、加布里埃莱·韦内齐亚诺、马可·阿德莫洛、亚当·施维默开始了一系列的粒子物理学研究，弦理论便由此诞生。实际上，尽管弦理论最基础的一步是1968年由韦内齐亚诺以第一个开弦模型完成的，但这些初步的研究对于形成概念框架，从而孕育出韦内齐亚诺模型则是至关重要的。在韦内齐亚诺成果的激发下，几个月后，维拉索罗就完成了闭弦模型，拓展了弦理论。这些令人印象深刻的结果引发了广泛的兴趣，慢慢地，人们发现这些公式都可以通过以下方式来推导：假设物质是由一根弦（一根有弹性的绳子）组成的，各种粒子都与弦的振荡对应。不幸的是，弦的性质不能用来直接描述那些观测到的粒子。

1974 年，乔尔·舍克和约翰·施瓦茨意识到，弦理论可以作为一个出发点来描述量子框架中的引力，然而许多细节我们却无从得知，无论是当时还是现在。但自相矛盾的是，想要消除物质基本成分的靴袢哲学成为撬动一种新理论的杠杆，在这一理论中，宇宙中存在的一切（物质、光和引力波）都是由弦组成的。

思想总是像回旋镖一样，从一个方向开始，却在另一处结束。如果获得了有趣且不同寻常的成果，那么这一成果很可能被应用于让人始料未及的领域。

时至今日，我们已经非常了解质子和其他粒子的性质，但就量子引力而言，我们的境况还能让人遥想起五十年前的光景。我们有各种各样的思想流派：弦理论、圈量子引力论，等等。但其中哪个是正确的呢？还是说我们要等待一个新的理论观念，或一个结果出人意料的实验？最终的理论将以什么形式出现在我们面前？这些都很难说，无论我们多么费力地预测未来，未来都会出乎我们的意料。

相 变 ，

也 就 是 集 体 现 象

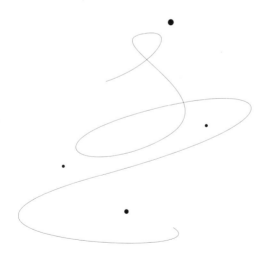

水的沸腾和结冰，都是极为奇怪的事情。只是因为温度产生了一点变化，我们就会看到一种物质突然改变形态。这是一个集体的变化：无论是结冰还是沸腾，既不是单个原子的事，也不是单个水分子的事。

相变是"日常物理"的现象，我们对此习以为常，也不当回事。但是对于物理学家来说，这些非常有趣的现象都是值得研究的。这就是为什么在 20 世纪 70 年代初，我也投入了一些精力研究某些类型的相变，直到 1971 年和 1972 年，这些相变仍然是一个悬而未决的问题。

众所周知，在 100℃的温度下，水开始沸腾，也就是说，它从液相进入气相，同理，在 0℃时，它从液相进入固相，也就是冰。

对物理学家而言，观察这些"正常"现象的同时可以提出无数问题：为什么会发生这样的转变？为什么要在这么精确的温度下？所有材料都会出现类似的现象吗？当然还有一些问题，现在很难找到答案。

在 20 世纪的第一个十年，物理学家开始用实验证据证明原子和分子作为构成物质的"砖块"而存在，因此也试图解释一些宏观现象，比如水结成冰，认为都是由这些极小物质单位的集体行为导致的。

从微观角度来看，相变变得越来越难以描述，而且代表着一个总以不同形式呈现的周而复始的问题。于是，我们从解决最简单的案例入手，一点一点改进我们的工具，把问题一个一个解决。

为了在微观层面研究相变，我们需要了解许多"物质"的行为，比如原子、分子或小磁针，"基本物体"如此之多，我们可以利用比传统物理学更广泛的语境，将它们称为"单元"，它们之间相互作用，彼此交换信息，并根据接收到的信息改变自己的行为。

就物理学而言，"交换信息"相当于"受力"，但一般来说——由于模型可以应用于许多研究领域，从物理学到生物学，再到经济学等等——我们有很多个体，它们的行为取决于与之或远或近的其他个体的行为，通常距离都非常近，因为距离太远的个体之间是无法交换信息的。

我们能够在宏观层面测量的物理量，例如水温，取决于微观单元的行为，比如我们无法观察到的分子的运动速度。

想象一下，用灵敏度非常高的显微镜观察水。我们会看到微微弯曲的哑铃状分子在不断移动、相互吸引、旋转、彼此远离和快速振动。这是在分子水平上对水的描述。然而用肉眼观察水的时候，我们看到的是一种液体，在一定温度下结冰，变成固体，在另一温度下蒸发，变成气体。如何从单个原子的行为转移到系统的整体行为，是一个需要花时间进行解释的问题。

一级相变

某种状态变化会在什么温度和压力下发生，研究相变的人对此不大感兴趣，他们的兴趣点在于发现其中的机制。例如，为什么这一现象会突然发生，而且发生在一个特定的"点"上？在100℃时，系统发生了哪些变化？为什么在只低于临界温度1℃的情况下观察这个系统时，我们就什么也看不到呢？为什么再高1℃就足以让宏观行为发生骤变？

从概念上讲，解决这个问题绝非易事，以至于 20 世纪 30 年代许多物理学家想弄清楚，物理学的一般规律，特别是统计力学的一般规律，是否可以用来解释相变问题。

这个问题在 20 世纪四五十年代得到解决，甚至是从物理学中一个相当普遍的概念出发的，即能量最小化。在自然界中，一个自由移动的物体会试图达到其能量最小的位置，直到找到平衡点。例如，滚下来的球会滚到坑底。坑底代表了稳定的平衡位置，除非有什么外力介入，否则球不会离开那里。

冰也有类似的情况，它在低于 0℃时，处于稳定平衡状态（固相），对应着它的最小自由能。随着温度升高，在固相中占据晶格确切位置的分子开始振荡，直到失去固定位置并自由运动。这就是液相，同样代表稳定平衡状态，对应着另一个自由能的最低点。

给水提供热量就像推动一个球，即便推力很小，球也会开始移动，只不过没有足够的能量让它从坑里出来。推力变大时，球将获得足够的能量离开坑底，一直移动，直至找到另一个平衡位置。

因此，当温度升高，停留在固相晶格中的水分子将会更剧烈地振荡，直到 0℃时，把它们连接在一起的键会开始断裂。在这一阶段继续提供热能，温度不会再升高了，但系统获得的能量会使分子之间的键断裂，直到冰全都融化成水，并在液相中找到新的稳定平衡态。

这种相变被称为一级相变，其特点是两个重要的现象。

第一个现象是该系统在接近临界点时，没有任何微观特征表明它即将发生转变。温度为 0.5℃的水没有结冰的迹象，但当温度再降低半度，水就开始结冰了。系统在临界温度附近时，既不会形成水中的冰凌，也不会有冰中的积水。

第二个重要的现象是潜热的存在，即破坏分子键而不提高系统温度所需的热能。当冰处于 0℃时，我们提供的热能会破坏分子键，直到所有的冰融化。我们必须给系统提供使其改变状态的热能，准确地说就是潜热。

有时我们可以把这些相变描述为系统从有序到无序的转变。事实上，在固相中，水分子占据晶格中的确切位置，因此处于有序相。在液相中，水分子可以自由移动，所以其微观情况就显得比此前的固相无序得多。

二级相变

并非所有材料都表现得像水一样。还有一些相变是在没有潜热的情况下发生的，也就是说不必提供一定的热能，一旦达到临界温度就可以从一个相转入另一个相。

在这种情况下，随着临界温度逐渐接近，相变连续发生，可以说是平缓地发生。这种变化被称为二级相变。

我们举个例子：磁铁在常温下是一个磁性系统，随着温度升高，磁性会消失。用术语来说，就是磁铁从铁磁相（磁性）转变为顺磁相（非磁性）。

让我们看看系统内部究竟发生了什么。可以将磁铁的磁场想象成空间中有指向性的箭头，就像指南针的指针一样，箭头的尖都指向北。

这个宏观的磁场由系统中单个粒子的基本磁场的总和形成，这些基本磁场被称作自旋。在磁铁内部，自旋之间存在的相互作用使它们整齐地朝向同一边，也就是说大量的小箭头都指着同一方向。

即使在磁化的情况下，相变也会随着温度的升高而发生。事实上，提供给磁铁的热能会导致自旋的运动增加，从而改变它们的方向。因此，它们将倾向于混乱，最终失去秩序。
正是自旋有序的排列才产生了宏观的磁场，随着温度升高，
磁场将会减弱，直到完全消失。

在这种情况下，我们也可以将相变描述为系统在有序相
和无序相之间的变化。

为了帮助理解，我们可以使用 1924 年还是学生的恩斯
特·伊辛在博士论文中提出的模型，这可能是物理学家发明
的第一个以极简的描述来帮助理解真相的模型。如图 1 所示，
该模型只允许自旋有两个方向——向上或向下，其他方向都
被禁止。

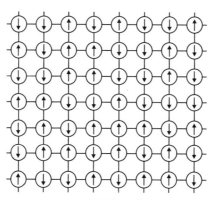

图 1：伊辛模型网格。

　　自旋之间存在的力使得它们倾向于在方向上保持一致（全部向上或全部向下），而热扰动会倾向于使它们站不齐队，并让其中一些的方向倒置过来，与别的相反。

　　铁磁相意味着大多数自旋方向相同（有序相），顺磁相则意味着会有 50% 的自旋指向上，剩下的 50% 指向下，完全随机分布（无序相）。

　　我们也可以用对称性来描述这个系统。如果一个变换不会改变系统的性质，我们可以说它是系统的对称性。

　　我们以"所有自旋的翻转"变换为例。如果这个变换出现在无序相或顺磁相，则什么都不会改变，我们总是有 50% 的自旋向上，50% 的自旋向下，而且总是随机分布，这就是系统的对称性。

　　然而，在临界温度以下，大多数自旋指向同一个方向时（如图 2a 所示，其中大多数小圆点为灰色），它们的翻转会导致原来的宏观磁场发生翻转，从而改变标记的颜色（也就是大多数小圆点将变为白色）。所以对于有序相或铁磁相而言，自旋的翻转不是一成不变的，因为它让磁场翻转了。

　　在这种情况下，我们就会说两个相之间出现了"自发对称性破缺"：原本存在于顺磁相中的对称性（自旋翻转），相

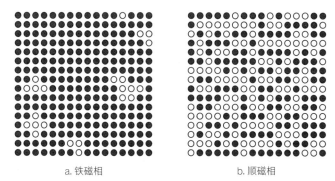

a. 铁磁相　　　　　　　　　　　b. 顺磁相

图 2：伊辛模型的两个相。灰色表示向下的自旋，白色表示向上的自旋。在铁磁相中，你会看到少量的自旋岛指向上方（白色），而其他代表着大多数的自旋岛（灰色）则指向下方。在顺磁相中，自旋是随机分布的，一半向上，一半向下。

变后系统转为铁磁相时就不再存在了。在没有外部现象参与的情况下，原来的对称性自发地打破了。

　　铁磁相变属于二级相变类别中的一类，其特征可以概括为一个参数，在这种情况下参数是磁化强度，被称为"序参量"，表示系统在有序相和无序相之间转变的过程。

　　乍看上去，磁性系统似乎比我们此前见过的水这一类系统更简单，因为两个相之间没有间断。但麻烦都出在细节上，二级相变的情况中，细节极其错综复杂。

　　我们拿一块保持在高温下的磁铁，这样它就不会产生任

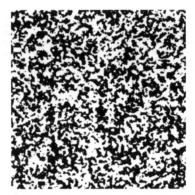

图 3：临界温度下的磁铁模型。随着温度下降，铁磁结构的规模会增大。

何磁化，然后把它放在磁场中，慢慢降低它的温度，当接近临界温度时，我们会看到系统越来越容易磁化。一旦达到临界温度，相变就会发生，磁铁自身产生磁化，而不需要外部磁场。

在磁铁内部，会产生越来越大的铁磁岛[①]。两个相共存的情况（如图 3 所示）研究起来非常复杂。

_____

① 在铁磁岛内部，磁场方向相同。

普适类

实验物理学家发现了一个有趣的事实：在很大程度上，磁性系统的行为并不取决于形成它的基本单元的行为。

虽然磁性物质千差万别，各种微观成分之间的相互作用和对量子细节的描述也各不相同，但我们可以看到，磁化强度在接近临界温度时会如出一辙地趋于零。这一趋势在数学上可以用一个幂律函数表示，该函数的指数有相同的数值，我们称之为 β 指数，所有类型的磁性物质都适用，尽管这些物质彼此有很大不同。

这就好像一级方程式赛车在比赛中各显神通，但到了最后一圈，大家都不约而同地减慢速度，以便能停在终点线上。

这是一个出乎意料的非凡发现：虽然微观细节完全不同，但集体行为却是相同的。利奥·卡达诺夫将这一结果形式化，提出了将相变现象划分为多个普适类的概念。其 β 指数具有相同值的现象属于同一类别。

这不禁使人想起柏拉图的自然观。我们可以说，临界行为的普适类数量相对较少，每个真实系统都可以归入某个普适类（用柏拉图的术语来说，也就是归入一种理念）。

类别的划分取决于系统基本成分的自由度。比如说，各种自旋的自由度是不同的，这要看它是可以在三维空间中运动，还是被约束在平面上运动，或者只能自己旋转。总之，这取决于我们要研究的物质的基本成分能在多大程度上和以何种方式进行运动，β 指数的值只取决于这些自由度。

20 世纪 70 年代初，这个问题——我们很快就会看到一个具体的例子——才真正引起人们的兴趣，大家的感觉是，只要找到恰当的形式体系来计算临界指数，就会有各种各样的工具来解决这个问题。所以，我开始研究相变，认为在很短的时间内就会找到答案，然后再回过头来研究基本粒子的未解之谜，这似乎才更具挑战性。

尺度不变性

实质上，这项研究是关于自旋之间有较强磁性相互作用的系统的。那时人们已经在微观层面上认识到了这些相互作用，因此必须找到一套形式体系，从已知的微观描述出发，旨在从中间层面描述系统，而不再涉及微观细节，因为磁化行为并不取决于这些细节。借助这个中间层面，即所谓介观层面，我们研究系统的涨落，也就是研究大量原子如何从一个相过渡到另一个相。

通过研究这些涨落及其相互作用，可以分析系统的演化过程。这些涨落与用来分析系统的尺度无关，我们很快就会谈到这一点。

这项工作已经取得了很大的进展，比如乔瓦尼·约纳－拉西尼奥和卡洛·迪·卡斯特罗二人，他们详细研究了介观行为的起源。肯尼斯·威尔逊则向前迈出了非常重要的两步，他在 1971 年和 1972 年发表的一些文章中，介绍了如何建立一套能够计算临界指数的理论。这种被称作"重整化群"的理论，为他赢得了 1982 年的诺贝尔物理学奖。

重整化群

要想理解为什么威尔逊提出的处理二级相变的技术被称为"重整化群"，就需要对他使用的方法有大致的了解。

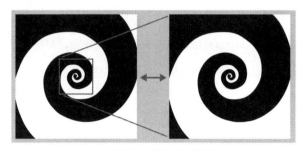

图 4：分形图形的尺度不变性。

在介观层面对系统进行描述，意味着尺度改变但描述不变，也就是说，我们观察的结果不取决于我们使用多大的变焦镜头。

我们看图 4。

右图是左图正方形的局部放大。如图所示，无法通过改变观察尺度或者观测时的焦距来区分这一系统。

让我们回到图 3 所示的系统。除了尺度的因素以外，它们的涨落行为基本上是相同的，越是"从远处"（我们可以考虑使用广角镜头）观察系统，涨落就越小，越接近（调整焦距），看到的涨落就越大。

卡达诺夫已经提出了这个想法，就是将系统划分为包含一定数量自旋的方格。我们来看图 5a：每个 3×3 的方格

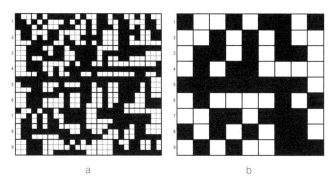

图 5：图 5b 由图 5a 的 3×3 方格组构成。如果初始的 9 个图 5a 方格多数
为黑色，则相对应的图 5b 方格就是黑色，反之则是白色。

有 9 个自旋。下一步是计算这 9 个自旋中有多少向上（黑色
方格）、多少向下（白色方格）。取左上角 3×3 的方格为例，
我们看到它包含 6 个黑色方格和 3 个白色方格，所以黑色的
占大多数。我们将这个刚刚得出的值用在右图（图 5b）中，
将其视为一个单一的整体，即一个单独的自旋。图 5b 左上
角的方格实际上是黑色的。组成图 5b 的每个方格都是一个
自旋，这个自旋的颜色由初始区域的 9 个自旋中大多数方格
的颜色决定。

简言之，我们使用了一种类似于美国总统选举的机制：
总统候选人如果在一个州赢得多数票，就可以获得该州所有

的选举人票数。

每次我们这样操作时，实际上都是在改变尺度，并大大减少要考虑的变量数量（不必考虑图 5a 左上角最开始的那 9 个自旋，现在图 5b 的第一个方格中只有 1 个自旋而已）。

以这种新方式来描述我们的系统（在更大的尺度上）也不失为一种好方法，其实我们只是通过"更大的颗粒"来观察它罢了。威尔逊的技术让这项研究从一个尺度转入下一个尺度，因此被称为"重整化"。

就这样，在 20 世纪 70 年代初，磁性系统的相变得到了恰当的描述，于是我又回到了基本粒子物理学的研究道路上。

自旋玻璃：

引入无序

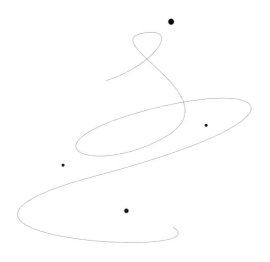

互联网日常应用中涉及的大部分人工智能都基于自旋玻璃和神经网络的理论。

一生中最有价值的研究成果之所以能够问世，可能是因为你在去别处的路上与之不期而遇。

我就是这样。人们认为我对物理学最大的贡献就是提出了自旋玻璃理论，这是我在研究基本粒子问题时应运而生的。

那时候，为了解决这个问题，最合适的工具似乎是一种数学技术，名为复本法，而我当时还没有掌握。我搜集了关于这个问题的所有文献，开始进行研究。所谓的复本法，是一种数学方法，即取一个系统，进行多次复制，然后比较多个复本的行为表现。这种方法看上去完全能够解决我研究的问题，但是在一份文献描述的案例中，以它得出的结果完全离谱，让人不知所云。

面对一个新问题，当我还没有明确的认识时，选择一种可能不奏效的工具并非明智之举。这就像在使用指南针的时候，它时常指向南方，而不是北方，但谁也不知道它什么时候指南，什么时候指北，也不知其原因。

所以我决定先弄清楚这个工具到底可不可靠。

那是1978年圣诞节前夕，当时我在弗拉斯卡蒂实验室工作。我复印了一篇文章，论述的是复本技术导致不可靠结果的案例。假期里我一直把这篇文章带在身边。

文章讨论了关于无序系统和自旋玻璃的问题，这些问题与我当时的研究领域相去甚远，我也从未涉猎过。然而对于理解这种方法为何在研究中不起作用，这篇文章又至关重要。我研究了文章用的模型，又验算了所有的数据，这些都是对的，但结果却不合逻辑。这个问题就值得深究了。

度假回来后，我做了一些进展非常顺利的工作，答案似乎唾手可得。我试图以一些更加先进的研究成果为起点来解决这个问题，认为这样会轻而易举，但越是努力，问题就越难解决。

如果有些结果一致，有些结果又与数值模拟的值相去甚远，这就意味着研究结果还差得很远。或许有必要彻底改变看问题的角度。

不知不觉中，我已经开始探索一个新的研究领域。我不再思考初心所指的基本粒子问题，我的兴趣被别的东西激发了。

自旋玻璃

自旋玻璃指的是一种金属合金，取这个名字是因为它们的磁性相变，这一相变是由形成合金的粒子的自旋行为所致，其表现类似于玻璃的相变。

这些合金由贵金属形成，比如金、银，其中含有少量被稀释的铁。在高温下，它们的行为类似于一般的磁性系统，但当温度下降到某个值以下时，就会出现类似于玻璃、蜡或沥青的行为：变化越来越慢，系统似乎永远不会达到平衡状态。

在学校里我们都学过，液体是一种被注入固体容器后就会呈现容器形状的材料。玻璃在高温下显然是液体，但很明显，这种液体表现出不寻常的行为。例如，如果我们把一个装满熔融玻璃（或蜂蜜、蜡）的容器倒过来，液体不会立即倒在地板上，而是开始慢慢地从容器中"滴落"。玻璃越是冷却，滴得就越慢，由于某种原因，这一系统行为的速度大大减慢。

当温度下降时，系统动力学中的急剧变慢与金属合金的磁化行为有一些相似之处。这就好比在降低温度时，自旋翻转的可能性同时降低，因此不可能达到平衡状态。

让我们回到前面第一章中的例子，想象一辆满载乘客的公共汽车，只要密度相对较低，想从一个点到另一个点的人就可以让其他人避让而自己顺利通过。当然，那些避让的人也会再使别人挪动位置，产生连锁反应。只要有足够的空间，一切都可以正常进行。但是，密度越高，接触越紧密，人与人之间的空间越小，移动起来就越困难，越容易被卡住。英国人称之为"traffic jam"（"拥堵"或"交通堵塞"）。

这种现象相当普遍（涉及玻璃、蜡、蜂蜜、沥青、金属合金……），促使学者们纷纷研究其原理。解决这个问题最好的办法是建立一个起步简单的模型，重现这种现象。这一过程有可能让我们发现温度变化时导致动力学变慢的基本特征或相互作用。这些特征和相互作用存在于玻璃、蜂蜜、蜡、沥青和某些金属合金中，但在水或其他大多数液体中应当不存在。

模　型

从实验的角度来看，研究这些材料的相变也相当困难。我可以告诉你们一件有意思的事，在澳大利亚，一项独一无二的实验正在进行。科学家们采集了一定量的沥青，在控制温度的情况下，沥青仍然保持一定的黏度（因此沥青不完全静止并能形成液滴），他们要测量这些沥青滴落的频率。该实验始于 1927 年，到 2014 年为止只滴落了 9 滴。后来我就不再关注这个实验了，很难想象再过多久我们才会看到一些有趣的结果……

这些系统研究起来很复杂，最好的办法当然是建立一个比实际情况简单的综合模型，这可以帮助我们找到答案。

为了理解什么是模型，以及它对理论物理学家的用处，我们可以把它想成大富翁游戏。这是一种社会模型，只包含几条简单的游戏规则，包括土地的支配权和费用、建筑费用和房地产租金的数额。再加上我们生活中经常遇到的偶然因素，通过掷骰子的方式移动，让"意外"和"概率"来决定玩家是走出困境还是陷入僵局。

有了这些简单的规则，只要玩上一会儿，你们就会意识到资本主义制度的一个特征：有钱人会变得越来越富有。

虽然大富翁游戏不能涵盖现实社会的所有复杂性，但却能够从中把握某些特征。同样道理，物理学家建立的模型也不能包含真实系统的所有复杂性，但如果我们能为模型有意制定一些规则，就有希望看到模型成功重现研究现象的一些基本特征。

一旦建立了模型并制定了描述其运行的规则，就可以让系统进行演化，也就是说，可以开始我们的大富翁游戏了，或者说我们就可以通过升高或降低这个综合模型中定义的温度，用计算机模拟系统的相变。

这个不断演化的模型将会产生一些结果，就像玩大富翁的时候"有钱人会变得越来越富有"一样，或者像伊辛模型显示的那样，铁磁相变会在温度降低时出现。

这样，我们就可以开始着手发展我们的理论，即从综合模型的规则和初始数据出发，建立可以重现模拟结果的数学结构。这种实验室不再由磁铁、电路、电炉或其他传统实验设备组成，现在它用的是计算机，我们用计算机重现的并非金属合金的变化，而是模型的运转。

如果成功做到了这一点，接下来就要弄清，我们建立的这个理论是否真的可以在实际情况中应用，从而解决金属合金、玻璃、蜡和其他许许多多系统的问题。

自旋玻璃模型

在此前看到的伊辛模型中，自旋之间的力是这样的：在低温下，它们倾向于朝同一方向看齐，要么全部向上，要么全部向下。

然而，在自旋玻璃模型中，作用于某些自旋对之间的力则倾向于使自旋朝向相反的方向，这就使情况变得复杂了。

让我们来举个实际的例子。在生活中，我们往往很容易意识到自己的目标与别人的不一致，因此不得不放弃自己的追求。例如，我想与甲先生和乙先生成为朋友，但不幸的是，他们二人不睦，因此我很难同时与他们成为非常要好的朋友。这种情况本身令人沮丧不已，但涉及很多人时，就会变得更加复杂。

我们想象一部这样的悲剧：两个群体之间有一场争斗，剧中的每个角色都必须选边站队。而且，他们每个人对别人都有强烈好恶（这真是一出悲剧！）。简单起见，我们可以假设他们之间喜欢与厌恶的感觉都是相互的（今天已经开发出了一些方法，可以处理他们之间感觉并非相互的情况）。

我们从这部剧中选取三个角色，安娜、雅丽和保罗。如果这三个人彼此都很友善，那就没有问题了，他们会选择同一队。同样简单的结果是，如果他们中的两个人关系很好，并且都讨厌第三个人，第三个人也讨厌他们，在这种情况下，志趣相投的两个人会选择同一队，而剩下那个人将选择另一队。但是，如果他们三人互相看不顺眼，又会有怎样的结果呢？这会造成一定程度的沮丧感，因为有两个互不喜欢的人必然会在同一队中。

当许多这样的三人组感到沮丧时，情况显然就开始变得不稳定了，有些人可能会换到另一队，试图找到总体沮丧程度相对较低的状态。我们可以将这种"戏剧张力"定义为沮丧三人组的数量除以所有三人组的总数。

详细的研究表明，在莎士比亚的悲剧中，这样定义的戏剧张力在悲剧开始的时候非常小，剧情进行到一半的时候达到峰值，最后在悲剧结束时减小。

在图6的自旋玻璃示意图中，不再有三元组，而是将自

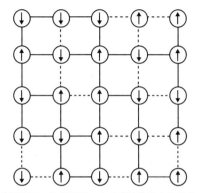

图 6：自旋玻璃示意图。在低温下，由虚线连接的自旋努力朝相反的方向排列，由实线连接的自旋则努力向相同的方向对齐。

旋置于方形网格上，每个自旋只能向上或向下（禁止朝向其他方向）。刚才说的"友善关系"，现在我们称之为"铁磁键"，这是倾向于让自旋指向同一方向的力，在图 6 中我们用实线表示。而前面讲的"厌恶关系"就变成了"反铁磁键"，用虚线表示，这代表倾向于让自旋指向相反方向的力。同样，我们可以很容易地验证它们是否存在阻挫（"沮丧感"）。来看看图 7 的例子。

在这种情况下，左上角的自旋与其下方的自旋之间有一个反铁磁键，但与右侧的自旋之间有一个铁磁键，这样的话它只能满足这两个键中的一个，所以并不知道它会向上还是向下。

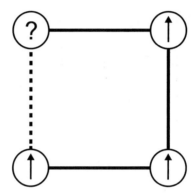

图 7：用实线呈现的三个键是铁磁键，用虚线呈现的则是反铁磁键。

最早的自旋玻璃模型是由爱德华兹和安德森提出的，但更简单的模型是谢林顿和柯克帕特里克在 1975 年建立的。

现在回到我的问题上来，如果使用复本法来计算谢林顿和柯克帕特里克模型描述的自旋玻璃系统的物理量，会遇到一系列不合逻辑的问题。例如，计算得到的熵会出现负值，这是不可能的，因为在每个物理系统中，熵都是一个被定义为正值的变量。如果一个系统中熵的计算结果是负值，要么计算结果是错的（这种情况有可能发生，但事实并非如此，因为我们都进行了检查），要么某个地方存在概念性错误。

寻求解决办法

我最初犯的概念性错误有两个。第一个是技术上的错误，很难向非专业研究人士解释清楚，总之是与错误的数学假设有关。

另一个是物理上的错误，因为我不知道我正在研究的现象有哪些特征（后来我花了三年多的时间才弄明白我所做的这个数学解的物理意义）。

1979 年，在我写的第一篇关于这个内容的文章中，我明确指出，可以使用一个给定的结构来部分解决这一问题。文章最后，我兴奋地补充道："这个结构可以推广，以便得到完备的解决方案。"

正如科学论文通常的遭遇，我这篇文章在发表之前被送到了一位评审专家那里，也就是一位能看懂文章并决定是否值得发表的同行。他的评语大致是说："帕里西做的东西让人完全不能理解。然而，由于方程给出的结论符合数值模拟的结果，因此这篇文章也可以发表。至于文中提到推广此方法以适用于更复杂情况的部分，不必赘述。"后来这篇文章发表了，不过我删去了最后一部分内容。

抛开这些轶事不谈，其实那时候我真的不知道自己在做什么。我已经找到了一些处理问题的规则，并加以应用，最后经过一系列的步骤建立了方程，而且是有意义的，最重要的是，通过方程得到的结果与数值模拟的数据完全相符，还得到了熵的正值。

但在"计算过程"中发生了什么我还没弄明白，这就像进入一条隧道，然后却发现自己莫名其妙地从另一头出来了。

在接下来的一篇文章中，理论结果和模拟结果之间的一致性表明，我的理论是有意义的，但这种意义仍然不够清晰。

我没弄懂的物理问题与物理学家所谓的序参量有关。正如我们所看到的，系统中的状态转换通常以参数的变化为特征。例如，研究液体和气体之间相变的序参量是密度。在铁磁相变中，要研究的序参量是磁化强度。在相变过程中，序参量会发生变化，例如密度或磁化强度，其不同数值的物理意义是很容易理解的。

然而令人感到意外的是，在我对自旋玻璃的计算结果中，序参量不再是一个在相变过程中值会发生变化的简单数字：在相变过程中变化的居然是一个函数。一个值是不足以描述相变的，但我当时使用的函数并非由单独一个数字组成，而是由无限多个数字组成。

这个函数在物理上代表什么呢？使用函数而不是一个数字作为相变的序参量，是复本法是否奏效的分水岭。如果参数只有一个数字，复本法会导致荒谬的结果。相反，如果序参量是一个函数，即一组无穷多的数字（就像一条线可以被视为一组无穷多的点一样），那么复本法奏效，且会得到自洽的结果。

显然，如果需要用无穷多的数（即函数）来描述系统的相变，就必须有一个深刻的物理意义来支持，但这个意义在当时是完全无法理解的。

奇怪的数学

在开始讨论物理问题之前，我们先试着从数学角度来了解一下哪些改变是必要的。

为了使复本法有效，我必须对其进行"延拓"。某一数学方法存在延拓的可能性是基于一种古老的思想。第一个有这种想法的人可能是生活在14世纪中叶的法国主教、数学家、物理学家和经济学家尼古拉·德·奥雷姆。

这是一位令人难以置信的人物，他清楚地证明了中世纪并不像我们教科书中所说的那样是科学的黑暗时代。在能显示其才能的诸多证据中，有一本他写的书（大约在1360年！），讲的是大气折射造成的恒星位置的扭曲。我当然没有读完，因为是用拉丁语写的……然而，从概念的角度来看，他的推理是正确的。他可能是在日落时看到太阳在地平线上有被压扁的感觉而受到启发，认为这可能是一种扭曲变形现象。计算扭曲变形对于进行精确的天文观测是至关重要的，因为恒星的直接测量必须进行两到三度的校正。

回到我们的话题，奥雷姆第一个发现了一个数的1/2次幂就相当于它的平方根。现在对我们来说，这似乎微不足道，我们从高中就开始学了，却没有意识到奥雷姆在将幂的性质扩展到分数方面所做的逻辑飞跃，因为在他以前，幂的性质只适用于整数。

求幂的概念非常简单：求一个数的二次幂，就是取这个数两次，算出乘积；求三次幂，需要取三次，算出乘积，以此类推。所以求1/2次幂看起来显然是一个荒谬的操作，难道意味着"取半次"？奥雷姆的想法是将求幂的性质扩展，根据该性质，如果对一个已求幂的数求幂，则必须相应地把指数相乘。2^2 的三次方等于 2^6（即 64，或为 4^3）。

如果把一个数字平方后再求 1/2 次幂，我们会得到起始数字（因为 2 乘以 1/2 等于 1），这意味着求 1/2 次幂相当于取平方根；事实上，一个数字平方后再取平方根就是该数字本身。

这些性质是正式推导出来的，因为取一个数字半次是没有意义的；然而，形式上确保了结果的自洽性。尼古拉·德·奥雷姆超越了最初的观点，即直接理解，而通过保存形式的一致性，他获得了一种非常简单的方法来解决极其复杂的运算。

从奥雷姆开始，数学经常在新的条件下以一种形式上正确的方式扩展性质，从而拓宽其适用范围。

为了解决我的问题，我使用了类似的方法。我在形式上应用了仅针对整数开发和验证的数学技术，希望形式上的性质对于非整数也仍然有效。

我的想法是组合数学的延伸。例如，组合数学告诉我有多少种方法可以将 10 个物体成对放置在 5 个抽屉中。扩展一下，我可以用同样的等式，算出在 10 个抽屉里放置 5 个物体的方式有多少种，这样每个抽屉里就有"半个"

物体。显然，结果毫无意义，因为从实际的角度来看，操作无法完成，它并不对应于将物体一分为二，而只是说抽屉中物体的数量是二分之一。然而，为了得到一个正常的解（一般情况下处理的是真实的物体），我必须基于这些想象的物体来完成：抽屉里可以有半个物体，物体的总个数可以是非整数，把这些非整数的物体放进抽屉的方案数也可以是非整数！

从这个方法开始，我的想法是将物体分成两半，然后再分成两半，使抽屉中的物体数趋于零。

当然，这是一个纯粹的数学过程，几乎没有物理意义，但它得出了正确的结果，与模拟数据相符。

但是仍有两个问题悬而未决，即从数学上证明执行这种操作是有意义的，并从物理上理解用一个函数而不是单个变量来描述这个序参量的意义。

物理学解释

几年后，复本法的数学语言被翻译成了统计物理学的语言，尽管公式更为冗长，但却更容易理解。

通过一系列线索，我和我的朋友马克·梅扎尔、尼古拉·苏拉斯、热拉尔·图卢兹及米格尔·维拉索罗已经能够理解这一结果的物理意义，这是所有无序系统的共同特征，即无序系统同时处于大量不同的平衡态中。这是一个完全出乎意料的发现。

如图 8 所示，系统可以处于沿曲线分布的任何状态（例如，我们看图中四个黑点 A、B、C、D，它们表示系统可以处于的许多可能性状态中的四个）。系统的各个状态都有不同的能量，且系统可以在不同的能量极小值处（凹陷处）达到平衡。在标为 A 的状态中，系统也处于该区域的最低点，状态 B 也一样，但在状态 C 和 D 中，系统处于较浅的凹陷（即

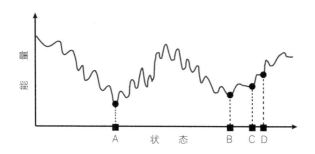

图 8：在低温下，系统可以处于曲线所表示的多种状态中的任意一种。

系统处于平衡状态，除非升高系统温度，否则不会出离这一状态），但这不代表该区域的最小值。

该图还显示了两个较大的凹陷区域（A 周围的区域和 B 周围的区域），每个凹陷区域内都有许多小凹陷。我们可以称之为 M 区和 N 区（见图 9）。当系统冷却到 N 区中的某个状态（例如 B、C、D 之中任何一个状态）时，即使温度升高，如果升高幅度不太大，系统也会保持在该区域。随后，系统将会在一个区域内不断演化，即发展为一系列构型，这些构型的选择是由系统的演化历史决定的，或者说是由其所处的区域决定的。在降温过程中，系统选择的区域只是众多可能性中的一个。

通常一个物理系统只处于一种状态。例如，在一定温度和压力下，水要么是液体，要么是固体，要么是气体。在某些特殊情况下，系统可能处于两种状态，我们通常称之为两种相。在 100℃ 时，水可以同时处于液相和气相。也存在一个特殊的压力和温度值，此时水同时处于三种相：固相、液相和气相。这就是著名的水的"三相点"，它的出名并非偶然。一般来说，系统都会处于某个单一的相中。然而，我们也发现了同时处于无数相中的低温无序系统。这就是使用一个函

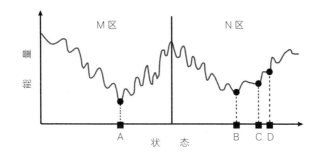

图9：系统可以在两个大而深的区域变化发展。

数，即无穷多个数值的集合，来表示序参量的意义所在。

理解了这一点，对于物理学而言，是一个真正的进步。综合模型的建立及其结果让我们发现了一种从未见过的现象。就这样，无序系统的世界向我们敞开了大门。

从物理学的解释出发，数学解释也变成了可能。数学的论证花了二十多年时间，弗朗切斯科·圭拉及其合作者为了在一团乱麻中理清头绪做了很多基础工作。论证中使用的论据，就其简易性而言都颇具奇思妙想，但事后再看，这一切又似乎都很简单。

IN UN VOLO DI STORNI

从模型到现实

为自旋玻璃的问题找到答案是研究真正玻璃的一个很好的起点，也就是研究那些镶在窗户上的玻璃，至今我们对其行为还没有一个完全的物理学认知。自 20 世纪 90 年代中期以来，我一直在断断续续地从事这项研究以获得准确的描述，从而使我们能够掌握玻璃相变的方方面面。

与自旋玻璃一样，真正的玻璃也是一个无序的系统，这种无序是由于玻璃的成分不仅有硅，还有许多杂质，以及许多不同类型、不同大小的分子，它们相互混合而构成玻璃。因此玻璃不能结晶，因为结晶需要规则的结构。如我们所见，被称为自旋玻璃的这种金属合金，其无序性是由金内部铁原子排列的随机性造成的，当金属是液体时，铁原子可以在金内部随机移动，但随着合金冷却，铁原子移动的可能性就越来越小，最后被随机困在某一位置。

现在，我们正试图对这个真实过程有一个具体的认识，一切看起来极其复杂，然而工作一旦完成，就会变得非常简单。当你在书上学习一个物理理论或数学定理时，不也是清晰明确的吗？然而为获得结果而进行的大量复杂工作却将灰飞烟灭。

另一个需要面对的有趣问题是从示意模型（例如刚刚讲解过的自旋玻璃模型）过渡到更为现实的模型，从而更详细地描述自旋之间的力，例如要考虑到自旋之间相互距离的因素。

相变是通过具有精确空间位置的个体之间的相互作用而发生的，这在前面讨论时用的简化模型中没办法呈现。

除了缺乏空间结构外，简化模型也无法呈现时间的发展。

当我们要研究的系统处于平衡状态时，也就是说当它在某一时段内保持稳定时，统计力学的技术就"容易"派上用场。对于玻璃或蜡等无序系统，达到平衡状态所需的时间通常非常长，可能要好几年或好几个世纪。当然这也会发生在窗户的玻璃上，只不过我们会用一些工业技术让它们更加坚固。

如果一个物理过程不处于平衡状态，那么时间就有了意义，因为人们总是可以区分过程的时间前后，这在处于平衡状态的系统中是无法区分的。

简单地说，如果一个球处于稳定的平衡状态，即停在坑底，给它拍一些照片，那么我们永远无法将这些照片按拍摄的时间顺序排列，因为这个球的状态未呈现出任何变化的迹象。但是，如果拍摄一个滚落的球，情况就会发生变化，因为在不平衡的状态下，时间先后是显而易见的。

因此，我们面临的问题是要将理论拓展至和时间相关的情形，因为存在这种不平衡状态；另外，我们还要将理论拓展至和空间相关的情形，因为这些过程都在空间中进行，而且只有相邻粒子之间才会有相互作用。总之，为了彻底了解玻璃的相变，还有大量的工作要做。

拓宽视野

我的初衷是检查一种可以帮我解决粒子问题的数学方法（对于那个问题，复本法的原始版本得心应手），后来我发现自己掌握了一个非常强大而实用的数学和概念工具，可用于解决各种貌似毫无关联的问题，也就是与无序系统相关的问题。

现实世界是混乱无序的，正如我们一开始所说的那样，许多现实世界的情况可以通过大量相互作用的基本单元来描述。

我们可以用简单的规则将单元之间的相互作用模式化，但这些集体行为的结果实在是难以预料。

所谓基本单元一般是自旋、原子或分子、神经元、细胞，但也包括网站、证券经纪人、股票和债券、人、动物、生态系统的各个组成部分……

并非所有基本单元之间的相互作用都会产生无序系统。无序产生的原因是一些基本单元的行为与众不同，比方说一些自旋试图反向排列，一些原子与其他大多数原子有区别，个别金融运营商抛售其他人正在购买的股票，一些受邀参加晚宴的嘉宾与某些客人不睦，想坐得离他们远点……

这样看来，在所有这些无序的情况下，我发现的数学和概念工具对于解决问题都是不可或缺的。

例如，最近我们做了一个实验，将尽可能多的大小不一的固体小球放入一个盒子中，结果实验取得了重要的成果。这是一个非常有趣的问题，因为这些大小不一的固体小球可以用来构建液体、晶体、胶体系统、颗粒系统和粉末的模型。此外，固体小球的"装箱问题"与信息和优化理论的重要问题也息息相关。

在巨人的肩膀上

伽利略·伽利莱发现了一个非常强大的研究自然的工具，就是将自然现象简化。他建立了一个完全忽略摩擦的理论，请注意，在一个没有摩擦的世界里，我们既不能走路（因为会滑倒），也不能吃饭（因为食物会从餐具上掉下来）。现代物理学肇始于伽利略的世界，与真实世界截然不同。在后来的几个世纪里，这个世界有其他元素被添加进来，使之成为令人满意的对真实世界的近似描述。埃万杰利斯塔·托里拆利在一封信中有一段关于物体运动的文字非常优美，很好地诠释了伽利略的这一观点：

"《论运动》学说的原理是真是假，对我来说无关紧要。因为，如果它们不是真的，我们可以根据我们的假设来假装是真的，然后获得从这些原理推导出来的所有推论，不是模棱两可的，而是纯粹而严谨的。我想象或假设某个物体或某一点以一定的比例上下运动，在水平方向也做同样的运动（翻译成现代语言，就是'在没有大气摩擦的情况下移动'）。在这种情况下，我认为一切就会遵循伽利略提出的理论，还有我的理论。如果铅球、铁球、石球不遵守这个假设的比例，会由于摩擦而减速，那我们会说，我们讨论的对象不是这些球本身。"

然而，对于托里拆利这位有着同样丰富经验的实验物理学家而言，理解物体在没有摩擦情况下的运动显然是理解有摩擦现象的前提，当然也是必不可少的一步。

几百年来，人们以将物理现象简化为本质的能力为肇端，不断推动物理学的发展。时至今日，物理学已变得如此博大精深，以至于可以将复杂性和无序性重新引入模型中，而这正是当年伽利略不得不放弃的东西。

物 理 学 与
生 物 学 之 间
基 于
隐 喻 的 交 流

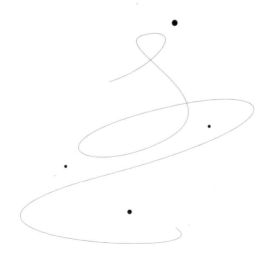

单个神经元不能构成记忆，许多神经元在一起才行。这句话也适用于砖头——研究单块砖头的科学是一码事，而建筑学则是另一码事。

科学建立在实验证明、分析论证和定理的基础之上。然而，在科学建构的基础上，还有不可胜数的直觉推理。就像在艺术和许多其他人类活动中一样，在科学领域，直觉也是头等重要的，然后才是准确性。有两个典型的例子。

恩里科·费米和他的合作伙伴发现减速的中子在诱导许多元素的放射性嬗变方面极其有效，这一发现的关键所在，是实验开始时替换掉了用于屏蔽中子的铅砖，而以石蜡砖取而代之。费米心血来潮，并没有多想，但这一变化的结果是，他在放射性计数器上观察到信号增加幅度惊人（逾百倍）。这令阿马尔迪、朋特科尔沃、拉赛蒂和塞格雷目瞪口呆。费米立即做出详细的解释，他说石蜡使中子速度减慢，而慢中子应该比快中子更有效果。阿马尔迪问他："你是怎么想到用石蜡代替铅的？"他回答说："凭我强大的直觉。"

我在林琴科学院的同事克劳迪奥·普罗切西认为，优秀的数学家和糟糕的数学家之间的区别在于，优秀的数学家能立刻知道哪些数学判断是正确的、哪些是错误的，而糟糕的数学家必须通过证明才能知道哪些是对的、哪些是错的。

在这两个例子中，直觉都格外重要。所使用的工具都远远超出了形式逻辑的范畴，因此研究一下科学进步背后的直觉推理是非常有趣的事，比方说各种隐喻，它们在同一历史时期不同学科之间的图像和思想传递中起到了决定性的作用。

如果我们仔细审视一个历史时期，可以感知到一种时代精神的存在，我们常常能够发现，不仅在生物学、物理学等不同科学学科之间，甚至在音乐、文学、艺术与科学之间也能找到呼应和共鸣。只要想想20世纪初某种理性主义的危机，想想绘画、文学、音乐、物理学、心理学同时发生的变化……所有这些学科，彼此相距甚远，但又相互联系，因此我们有理由认为，隐喻在常识的形成中起着重要的作用。

然而令人遗憾的是，通常在科学中，特别是在"硬"

科学中，获得结果所需的中间步骤往往无迹可寻，我们无从知晓是什么激发了科学家的灵感。因为科学之外的考量不会出现在学术论文和著作的字里行间，尤其是在数学中，但物理学和其他学科也存在这种情况。书面文本是绝对纯净的，用一种正式的语言来书写，其中很少提及非技术性的问题。在更通俗的文本中偶尔会有一些前科学论证的痕迹，例如庞加莱的文章，这些文本中存在元科学的推理，但在科学家撰写的几乎所有论著中，这样的主题都成了禁忌。

概　率

在具体寻找跨学科思维迁移的例子时，我开始思考概率在科学中的应用问题。概率最初的应用领域，除了掷骰子和玩纸牌以外，就是统计学了——顾名思义，这是一门研究状态的科学 ①——19 世纪，很多经济学家和社会学家，如阿道夫·凯特勒等，都对统计学和概率计算做出了杰出

---

① 意大利语中"统计学"一词即含有"stato（状态）"这一词根。

的贡献。与此同时，19世纪下半叶，麦克斯韦和玻尔兹曼显然是各自独立地在微观层面将概率和统计学引入物理学中，为的是理解集体行为（就像经济学家们想要做的那样）。同一年代，达尔文选择机制建立：遗传性状随机变化，继而选择变异性状。对于达尔文来说，进化论的关键是在各种不同可能性之间进行选择的概念。

随着孟德尔的理论被重新发现，20世纪初，进化所依赖的生理基础被命名为基因，从此达尔文理论成为生物学的主导范式。特别值得注意的是，量子力学，这个在我们看来与生物学相距甚远的领域，如果依据哥本哈根学派（20世纪20年代后期）的解释，会显示出与达尔文选择理论有许多相似之处。量子系统可以处于各种不同的状态，实验（或观察）会随机选择出其中的一种可能。

无论是在达尔文理论中，还是在量子力学中，进化（生物学的或物理学的）都会通过新出现的各种可能性和随之而来的选择而发生。显然，它们的细节是完全不同的：在自然进化中，新的可能性是随机出现的，选择是确定的（适者生存）；然而在量子力学中，状态的发展是确定的，但在实验得到的各种可能性之间的选择是随机的。然而，除了存在差异之外，这两种进化方式之间还有很大的相似性，尼尔斯·玻尔、马克斯·玻恩和哥本哈根学派的其他代表人物有可能听说了达尔文的进化论，并在某种程度上受到了影响。但令人遗憾的是，在翻译成英文的最著名的技术著作中，我们没有找到任何蛛丝马迹。我不是历史学家，我不能保证他们曾在一些鲜为人知的著作中提及此事，但也有可能这些人从来没有意识到达尔文影响的重要性，因此从未写过这方面的东西。

隐喻的风险

我们有必要非常明确地区分两种方式，即隐喻是作为具有启发性的工具使用，还是与谐音等其他修辞格一起作为论证基础使用，直至出现逻辑被修辞取代这样的极端情况。我觉得第二种方式是有害的。一些本来不能被翻译成某种语言的概念却硬被译成这种语言，译得走样还未被察觉，这就难怪我们经常得出一些完全没有道理的结论。有时候，这样做的后果是制造出一些怪物，比如社会生物学，生物学的观点和隐喻未经研判就直接照搬到根本不适用的社会领域，要知

道，在这个领域，这些隐含的假设根本就是错误的。这样做
会导致一些危险结论的产生，这些结论在政治上被用来炮制
像社会达尔文主义这样偏颇的理论。

如此随意地使用隐喻有时在一些人文学科中司空见惯，
尽管危险性不大，但也同样会有负面影响。说到这里，我不
得不说说著名的索卡尔恶作剧。为了嘲讽伪哲学和伪科学
的研究方法，美国物理学家艾伦·D. 索卡尔用拉康、德里
达等知识分子的隐喻风格写了一篇文章。这篇文章（即《超
越界限：走向量子引力的超形式的解释学》）基于一系列毫
无意义的物理学、社会学和心理学隐喻，假如索卡尔真的
相信了他编造的这些隐喻，所有的同事都会拿他当神经病。
索卡尔非常清楚自己写的东西毫无意义，他利用一套强大
的注脚，构建了一系列疯狂的比喻，还精心设计了文雅而
学术的文风。令人难以置信的是，这篇文章居然被编辑委员
会接受并发表在一份业内最负盛名的期刊《社会文本》上。
当索卡尔公开宣称他写的东西都毫无意义时，丑闻爆发了，
尴尬至极，以至于有人还想为自己辩护，声称索卡尔的论文
可能具有某些超出作者意图的完整含义。这篇文章可以在网
上找到，非常有趣，谁要是能看懂那些隐喻中的物理学玄机，

一定会被作者近乎无穷无尽的想象力所折服。

尽管索卡尔着重指出了滥用隐喻的弊端，但在科学交流中隐喻仍然具有非常重要的作用，比如当我们想把一个科学发现讲给外行听的时候。然而，隐喻经常以一种不精确的方式出现在共同语言中，以至于让人难以忍受。隐喻不可靠是非常自然的，当一种语言的词语被另一种语言用来表示不同的意思时，通常会出现这种不可靠的情况。然而，这种现象虽然可以理解，却会让科学家们非常抓狂。

我发现有一些表达方式特别让人厌恶，比如"这被写入了左派的 DNA 中"。每次我听到这样的说法，都忍不住想，DNA 是性状遗传的基础，是一种达尔文式的传递，而文化则是以完全不同的方式传递——后天获得的性状，以拉马克式的方式从父亲传递给儿子。认为文化可以通过 DNA 传递，这种观点与进化论的基本原理相违背。

轻易使用"定理"一词会让数学家们感到恼火。然而在时政新闻中，定理已经成为臆断的同义词，经常是出自某位决策者。对于记者来说，定理是一个形式上正确的命题，但其构成却始于错误的假设和推演，即一个三段论，可以被视为强词夺理的论断。我们不能完全责怪记者，有时会有一些科学家从不充分的假设（例如"我们假设一匹马是球形的"）出发，通过数学推理得出可疑的结论，并以定理的形式呈现出来。如今，数学是一种形式上正确的方法，定理能正确认定从某种假设可以得出何种结论，因此从错误的假设出发而得出错误的结论就不足为奇了。这个问题之所以产生，通常是由于错误的假设，但这些假设都隐藏得很好，不易被识别，而由此得出的结论尽管也是错误的，却被吹嘘为真理，因为是由定理推导出来的结果。这种现象比比皆是，从19世纪末的论证中常可以看到，例如论证飞机是不能飞行的，或者论证达尔文的进化论是错误的，因为地球的年龄最多只有2000万年。有些荒谬论证的例子已经很出名了，而隐喻所暗指的正是这类"定理"。

思维方式

然而，在物理学中，隐喻经常用于危机情况下，特别是在激烈的元科学争论中，那时候谁也不清楚应该适用什么物理定律。让我们举一些例子。

爱因斯坦认为量子力学一点也不令人满意，尽管他为这个学科的诞生做出了无人能及的贡献。对他而言，"量子力学不是真正的雅各布"①。爱因斯坦主要是对以概率随机性为基础的哥本哈根学派的诠释提出了质疑，他认为物理学理论必须具有确定性。因此，他说出了那句"上帝不掷骰子"的名言，但是玻尔似乎也做出了回应，他说："爱因斯坦，不要告诉上帝该做什么或者不该做什么。"

20 世纪 50 年代末，弱相互作用（导致放射性衰变的力）下的宇称不守恒被发现，换句话说，通过观看关于弱相互作用实验的影片，我们可以知道影片是否正确，或者说是否左右颠倒。这个结果完全出乎意料，因为其他自然力是不分左右的。泡利的话恰如其分地概括了一个巨大的困惑："我对上帝是左撇子并不感到惊讶，然而上帝只是稍微有点左撇子而已。"

有时很难理解某些论点到底是隐喻、类比，还是设法具有本体论的意义。在 17 和 18 世纪，物理学的主导是机械力学：每则物理定律都必须用机械力学的术语来解释，即便

———————————

① "真正的雅各布"是德语谚语，意为"真实的"。爱因斯坦认为量子力学是不真实的，因为其具有不确定性。

有时是不可见的或微观的东西。机械力学通过各部分之间的相互接触来发挥作用。在这个概念框架中，彼此有距离的力绝对是难以被接受的。牛顿本人在提出万有引力定律时（该定律假设即使物体彼此不接触，也会由于引力的存在而相互吸引；这些物体甚至可以像围绕太阳旋转的行星那样相隔遥远），曾说过"我不杜撰假说"，他暗自设想，自有后人会弄明白其根本的力学模型是什么样子。

在一个多世纪里，"引力作为远距离作用的力"一直被视为无稽之谈，还有许多人试图用机械力学的方法对其做出解释。在一次尝试（也许是最巧妙的一次尝试）中，人们假设空间中充满了无处不在的辐射，且物体被这种辐射推动。通常辐射来自四面八方，感应力相互抵偿。如果有两个邻近物体，彼此遮蔽，那么辐射会推动它们，使它们彼此靠得更近，这或许就是引力的起源。基本的机械力学一直存续到20世纪初：那时真空被认为是一种机械介质（以太），其振荡导致了电磁场的产生。

隐喻、模型与类比

在生物学中，我们也能发现隐喻一直存在，而且起着重要作用。例如，在 17 世纪，有机体被视为一台机器，零部件都非常小，以至于肉眼看不见。20 世纪下半叶，在发现 DNA 中编码信息的基本作用后，人们便以计算机作为隐喻，硬件是蛋白质装置，而软件就在 DNA 中。这个隐喻（软件 / DNA 和硬件 / 蛋白质）获得了巨大的成功，因为它具有强大的解释功能，并完美总结了当时的知识状态。后来人们发现蛋白质和 DNA 之间的相互作用要复杂得多，DNA 本身可以自我修复。随后的一系列发现使这个隐喻渐渐落伍，然而现在还有人在继续使用。

目前在生物学领域，我们也要面对新的隐喻。例如，有些隐喻是基于复杂性的，也就是说基于这样的观点，即认为在有大量相互作用的单元（分子、基因、细胞、动物、物种，取决于讨论的层面）的情况下，由于集体的相互作用而产生新现象。因此，人们关注的重点会转移到这些现象上，用物理学的思想和隐喻来解释这些行为。在诸多舶来的思想中，网络（如代谢网络）或分形几何（用于研究肺部、树枝的形状或花椰菜的结构）最为突出。

　　大量使用模型是物理学的一个特点，而模型就是一种隐喻。乔瓦尼·约纳－拉西尼奥和托马索·卡斯特拉尼二人的一次讨论给我留下了深刻印象，他们讨论了物理学家对隐喻的抵制以及对隐喻的规避倾向。简言之，约纳－拉西尼奥曾表示，将麦浪与海浪进行比较并不是一种隐喻，因为描述海浪的方程与描述麦穗运动的方程相似；归根结底，此二者是相同的现象，而不是彼此互为隐喻。相反，卡斯特拉尼指出，对绝大多数人来说，麦浪和海浪似乎是两种本质上截然不同的现象。

　　为什么物理学家倾向于规避隐喻呢？为了回答这个问题，我们需要反思作为一门科学的物理学究竟是什么，它是如何与数学和其他自然科学相联系的。物理学家可以被认为是一位应用数学家，他会从一个具体的问题出发，将其转化为物理学语言，从伽利略开始则是转化为数学语言。有时候，物理学家会以不合语法的方式来使用数学语言，但正如约纳－拉西尼奥所说，不遵守所有语法规则是诗人才享有的特权。

　　但数学到底是什么呢？这是一门研究从每一个具体意义

中提炼出来的符号的科学。正如伯特兰·罗素所说:"数学是一门不知道自己在说什么的科学。"原因很简单,如果我们说2+3等于5,可以是2通电话+3通电话等于5通电话,也可以是2头牛+3头牛等于5头牛,我们根本不知道这5个"东西"指的是什么。这说的只是最低级别的抽象,随着我们向更为抽象的概念迈进,这个问题就会变得越来越重要。数学对象从所有感性的表象中被净化,因此数学命题就像逻辑命题一样,具有普遍的价值。

物理学家将具体的现象翻译成数学语言,在这种语言中,这些现象的许多形体特征都消失了,只保留了研究某种现象所必需的本质特征。麦穗的波动和海水的波动可以用非常相似的方程来描述,在用相同方程表示之后,此二者就不再是彼此的隐喻,而是同一数学表示式的不同物理化身。实际上,麦浪和海浪的方程并不完全相同,只是属于同一个家族而已,也就是说二者都允许波的传播。就麦浪的情况而言,波的传播速度与波长(两个连续波之间的距离)无关,而就海浪而言,速度与波长的平方根成正比,因此海啸波波长极长,传播速度也非常快。

跨学科交流

　　正如约纳－拉西尼奥指出的那样，对于物理学家来说，发现完全不同的系统具有相同的数学描述是一件非常重要的事。然而，有时方程是相同的，但与可观测量相应的数学表达式却是不同的。在这种最有趣的情况下，我们观察到的两个系统的行为可能有很大差异，它们也可能属于完全不同的物理学领域（比如固体物理学和粒子物理学），这种共享同一种数学表达方式的情况或许是一个完全出乎意料的惊喜。

　　两个完全不同的物理领域可以归于同一个数学结构，从人们意识到这个问题的那一刻起，由于这两个领域的相互促进，知识通常会有迅速的发展。如果对这两个系统进行深入的研究，那么在第一个领域中获得的大量成果和技术（经过适当的翻译）就可以应用于第二个领域。一般来说，当同一个数学形式的系统有两个完全不同的物理实现时，我们就可以在两个系统中利用物理学直觉获得宝贵的互补信息。

　　1961 年，在与南部阳一郎合作的一项研究中，约纳－拉西尼奥描述了量子真空和超导电性之间的类比关系。"类比"一词的用法非常过时。从 20 世纪 60 年代中期到 70 年代，人们意识到，材料统计特性的计算和量子真空结构是同一数学问题的两个不同方面。来自金属实验的信息（例如，我们知道某些材料是超导的）让我们认识到量子真空的可能行为。从 20 世纪 80 年代起，"类比"一词就消失了，取而代之的是"我们推测量子真空是超导的"这样的说法。

　　材料统计力学和基本粒子量子物理学之间的关系一度非常重要。关于这一关系，最引人注目的例子或许是由约纳－拉西尼奥和卡洛·迪·卡斯特罗开始的研究，他们首次将重整化群应用于相变研究。事实上，正如我们所看到的那样，在量子和相对论场论领域发展起来的重整化群，以及在此背景下打磨出的所有技术，都已应用于临界现象的统计力学，并取得了巨大成功（以肯·威尔逊获得了诺贝尔奖为证）。基于重整化群的技术对于理解临界现象至关重要，后来这些技术又在基本粒子物理学中得以应用。在往来之间，新想法不断涌现，对这些现象的物理学认识也不断加深，正是从这一刻起，重整化群才开始在基本粒子物理学研究中发挥最根本的作用。

　　在这等事例中，我认为我们不宜谈隐喻，这种跨学科交流与传统的修辞手段大不相同。同样的数学抽象可以投射在不同的物理系统上，而每一个视角又能给予我们多元的启发，例如我们说到的各种复杂系统，也就是由许多单元组成的系统。有时候，同一个数学模型可以用来研究奇异的磁性系统在低温下的行为（自旋玻璃）、大脑的功能、动物大型种群的行为以及经济学。在这种情况下，用一个领域的结论在另一个领域进行预测并不完全是在使用隐喻，因为这些系统具有类似的数学形式。这样做更像是一种将概念从一个学科迁移到另一个学科的尝试，一种通过共同对应的数学结构来证明其合理性的尝试。

总之，我先是寻找隐喻，但后来物理学家们规避隐喻的倾向却在我心中占据了优势。我希望至少我已经把这个习惯的来龙去脉讲清楚了。我知道自己跑题了，但有时候我们要知道自己从哪里起步，而不是最后到达哪里。

想法
从何而来

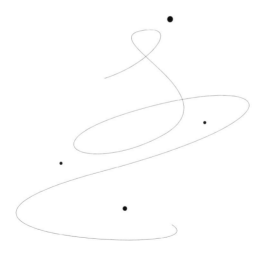

探索中不断出现的新问题要比我们能做出的回答多得多。

　　这些想法是从何而来的呢？它们是如何在像我这样的理论物理学家的头脑中形成的？我们运用了怎样的逻辑思维过程？我可不想只谈论那些伟大的、改变人类历史和思想史的想法，而是想谈谈所谓的"微创造力"，也就是在科学进步中至关重要却又平凡日常的小想法。在我看来，一个想法就代表着一种出人意料的主意，它会令人吃惊，所以绝对不是微不足道的。

　　我想从亨利·庞加莱和雅克·阿达马谈起。这两位生活在 19 世纪和 20 世纪之间的数学家都曾多次描述过他们的数学想法是如何产生的，二人的观点有很多相似之处。此二人都曾宣称，在证明一个数学定理的过程中，应当承认存在着不同的阶段。

- 首先要有准备阶段，用以研究问题、阅读科技文献、进行最初的尝试性探索。经过一周到一个月的时间后，此阶段以未取得任何进展而告终。
- 然后进入酝酿期，在此期间研究的问题被搁置一边（至少是有意识地这样做）。
- 随着灵感的产生，酝酿期立即告一段落。灵感往往出现在与我们要解决的问题无关的契机中，例如在我们与朋友的交谈中，哪怕我们聊的话题与这项研究无关。
- 最后，在处理该问题的大方向的指引下，必须实际进行推演。这也许是一个漫长的阶段，我们必须证实灵感正确与否，如果这条路真的可行，就要通过所有必要的数学步骤加以验证。

当然，有的时候灵感被证明是错误的，因为它假设了一些无法被证明的步骤是有效的。这样的话，我们就得从头再来。

对这一过程的描述非常有意思，它提醒我们无意识思维的重要作用。爱因斯坦也认可这种作用，事实上，他曾多次强调无意识推理对他的重要意义。毫无疑问，把难题先搁置一边，让思想沉淀下来，然后用新的思维方式处理问题、解决问题是一个非常普遍的过程。意大利语中有句谚语，"夜晚给人灵感"，在很多语言中都有类似的说法，比如拉丁语的"夜晚适合审思"，英语的"黑夜是忠告之母"，德语说"夜晚带来建议"，法语说"要向枕头问主意"，西班牙语也说"无论做任何事之前，先问问枕头"，古意大利语则说"夜晚是思想的海洋"。

　　且不论那些高大上的问题，即便是日常琐事亦是如此，我给你们讲一个我的个人经历。很多时候，为了我的理论物理研究工作，我不得不在电脑上编写程序，我觉得这是件轻松好玩的事。计算机是一台完全没有常识的机器，因此它会严格按照人的指令去做，并且坚持字面意思，到令人发狂的精确程度。如果你告诉一个人沿某条路直行，谢天谢地，他是不会在道路的第一个转弯处走到道路外面去的。相反，驶离路面的行为①对于计算机来说就再自然不过了，除非你非常精确地界定"直行"这一指令的含义。

───────────────

① 在道路不完全笔直的情况下，计算机会严格遵照指令直行，走出路面。

　　不管你多么努力，很多时候你第一次要求计算机做的事情与你真正的诉求都会有细微的不同。用某种编程语言编写的新程序经常会无法运行，如果我们进行简单的测试，得出的结果会与预期完全不同（至少这是我的经验，当然，程序员越优秀，一步到位的可能性就越大）。

　　我有过无数次这样的经历，折腾了整整一上午就是为了弄明白自己到底犯了什么错误。我仔细阅读程序，把所有的指令都反思一遍，一条接着一条，考虑逗号是否正确，是否少了一个分号，是否多了或少了一个等号，但始终一头雾水。然后，我开车回家时，在半路上会突然想到："原来错在这里！"到家后，我一检查，果然找到了错误。

　　这是非常常见的情况。还有一次，我遇到一件性质相同的事情，但意义要重要得多，只可惜这样的事我一生只遇到了一次。我和同事们一起遇到了一个非常困难的问题，我们千方百计想要找到应对的策略，但始终没有成功。很长一段时间（十到十五年），人们提出了各种各样近似的思路。我也亲自研究过这个问题，但最后放弃了，因为觉得实在太难。然而，在一次学术会议期间，午餐的时候，一位朋友告诉我："你知道吗，你研究的问题很有趣，因为它的解决方案将会有一系列我们从来没有想到过的应用价值。"我回答说:"但必须先努力找到解决方案才行。也许我们可以试试这样……"我向他一步一步地解释了解决这个问题的策略,后来我的这个策略被证明是正确的。

思想与话语

通过这些事例片段,我们可以很容易认识到什么是酝酿过程。我相信我们每个人都有类似的轶事值得讲述。但如果酝酿过程,无论是酝酿大事还是小事,都是一个无意识的过程,我们就需要知道它遵循什么样的逻辑,以及它是如何产生的。人们通常都会认为思维是能说出来的,而无意识的推理并不是上述真正意义的思维。爱因斯坦是不会同意这种说法的,事实上他认为完全有意识才是一种极端的情况,而且这种情况永远不会发生,思维中总是有无意识的成分。

尽管我不是这方面的专家,也请允许我谈谈对有意识思维和无意识思维的一些看法。在我们的印象中,思考是通过遣词造句来实现的。这没错,不仅是在我们与他人交谈时,就连我们静默反思时也是如此。如果有人让我们不借助话语来思考一个问题，我们会发现自己完全无能为力：如果不借助话语将理性思考形式化，我们的大脑将无法解决问题。我们所用的话语可以来自任何一门语言，但它们必须是话语。

然而，语言形式并不能让我们的思维方式发挥到极致。事实上，当我们开始思考或说出一句话时，我们应该知道自己看问题的方向。我们必须遵守一定的语法规则。我们说一句话的时候，不会一上来先说个"不"字，然后就停下来不知该说什么，因为当"不"这个词出现在脑海中时，我们已经知道下面该说什么动词了，也许整个句子都会浮现出来。但如果真是这样的话，那么整个句子在用话语表达之前就应该以非语言的形式出现在我们的脑海中。

借助话语将思维形式化是极为重要的。话语是强大的，它们彼此连接起来，相互吸引。它们基本上与数学中的算法具有相同的功能。就像算法几乎可以自行进行数学推理一样，话语也有自己的生命，它们会召唤其他的话语，让我们进行抽象和演绎，运用形式逻辑。也许用有意识的话语表达有意识的思维也有利于我们记住自己的所思所想，如果我们不通过话语将我们的想法形式化，可能会很难记住。然而，非语言式的思维必须出现在语言式的思维之前。如果我们考虑到，思维在历史上要比语言古老得多，那么这种论断就不足为奇了。人类语言应该有几万年的历史，但我们不太会认为在语言产生之前人类没有思维（就连动物或很小的孩子，虽然不会说话，但却不可能没有某种形式的思维）。

然而不幸的是，我们很难理解非语言思维遵循怎样的逻辑，这也是因为逻辑是以语言为参照的，用语言工具来研究非语言思维几乎是不可能的。然而，无意识思维对于形成新思维至关重要，它不仅在庞加莱和阿达马二人说的那种漫长的酝酿期中被使用，还是最普遍的数学直觉现象的基础。事实上，数学直觉初看上去会呈现出一些令人惊讶的特征。

通常，证明一个定理需要许多环环相扣的步骤，最终得到一个结论，这需要反复推敲。然而，除了极个别的情况，这并非是该定理首次被论证时的方法。一般情况下，我们首先要对定理进行陈述：知道它从何而来，到哪里去，在此基础上确立中间的步骤，然后通过必要的论证使这些步骤步步为营，直到得到完整的证明。这就像架设一座桥，首先你要决定从哪里开始，通向哪里，然后你要建造那些树立在中间的桥墩，最后铺设桥面。如果从第一个桥跨开始架桥，架完之后再去设计第二个桥跨，这时候很有可能发现第二个桥墩根本建不起来，这样的做法是不明智的冒险行为。

从某种意义上说，这就像一个句子在以话语的形式被表达之前，必须有其完整的呈现一样，进入推演阶段前，数学家的头脑中必须已经存在某一论证，起码要有个大致的思路。

这种处理方式告诉我们，为什么有那么多正确定理的首次证明都是错误的。数学家通常会在正确地构想了定理并确定了可行性方法之后，却在证明过程的某个步骤上出错。如果直觉差不多是对的，那要么就用一种完全正确的方法来完成剩下的困难部分，要么就用另一种或多或少不同的方案，来得到相同的最终结果。数学家经常谈到定理的"意义"，这是一种以非正式语言表达的意义，主要基于类比、近似、隐喻或直觉。但这样的意义一般在数学文本中是不见踪迹的，那些数学论文会用一种不同的语言来表述：这一意义以某种方式证实了原始直觉的合理性，但由于它无法被转化为必要的形式，因此被认为是不精确的东西，作为朋友之间的谈资尚可，但不能被写入必须严谨的论文中。

直 觉

然而，还有不同于数学直觉的物理直觉，它能随着时间的推移而演进。正如科学史学家保罗·罗西所指出的那样，伽利略有很强的直觉，他认为天体世界和地球世界是相似的，二者都能适用相同的定律。这一论断是伽利略许多发现的起点，但要证明它却谈何容易，因为论证过程经常会原地转圈，就像玩世不恭的科学哲学家保罗·费耶阿本德所指出的那样：太阳黑子的存在证明了天体世界是可以被腐蚀的，如果这不是望远镜在弄虚作假的话。由于无法证明望远镜没有为天体世界制造虚假的图像，伽利略的观点就意味着，要么存在太阳黑子，因此天体世界与地球世界一样腐败，要么望远镜产生虚假图像，因为来自陆地物体的光与来自天体的光对它会有不同的影响。很明显，第二种假设很难站得住脚，因为太阳黑子以恒定速度旋转（由于太阳的自转）。然而，在那个时代，整个宇宙遵循唯一规则的假设让人们大为震惊，许多人在这一论断尚未经证明时，就表示不接受伽利略的直觉乃至随后的结论。

物理直觉也曾发挥过重要的作用，在 20 世纪初量子力学的诞生过程中尤为重要。这是物理学最伟大的冒险之一，在 1901 年至 1930 年间，很多杰出的科学家都置身其中，如普朗克、爱因斯坦、玻尔、海森堡、狄拉克、泡利、费米……这一过程看起来非常奇怪，甚至在某些方面还自相矛盾。当时，人们观察到了一些同时代物理学家无法解释的现象（例如黑体辐射），这并非由于科学家无能，其实这些现象都可以用量子力学理论来解释，只是当时量子力学还未被发现。

那么合乎逻辑的程序是什么呢？发明量子力学并给出正确的解释！然而历史却选择了一条完全不同的道路，人们想方设法以明确的经典模型解释量子现象，假设模型中一些未知的成分以奇怪的方式表现（实际上与经典力学水火不容），这些人典型的回答是："有些问题我还不懂，但我会在接下来的工作中弄明白。"自 1900 年普朗克发表了那篇文章以来，出现了大量针锋相对的论文，坦率地说其中一些是错的。另一方面，这些文章之所以不可能正确，是因为都试图做一些不可能的事情，即在经典力学范畴中证实量子现象的存在。例如，普朗克在解释黑体辐射时，假设光与具有正确量子性质的振子相互作用，这与经典物理学的一般原理完全矛盾。

然而普朗克并没有意识到，这个问题与经典物理学格格不入，他仍然坚持走自己的道路。

值得注意的是，他的解释有一部分不无道理，他的物理直觉是如此强烈，以至于一面坚持经典力学的习惯，一面对量子现象做出解释，从而加剧了经典力学与观察到的现象之间的矛盾……最终，当这些矛盾更加激化时，新生量子力学的许多方面已显现端倪。举个例子，在玻尔 1913 年提出的理论中，假设围绕氢原子旋转的唯一电子只能待在满足一定条件的特定轨道上，氢原子发光的光谱线可以用简单的方法计算出来。这个假设在经典力学中无法立足，但是约十年后，当人们意识到新的力学亟须登场时，这一假设就为量子力学的建立提供了至关重要的线索。

阻碍量子力学的最后一道障碍是在 1924 年至 1925 年倒塌的，接下来的几年中，物理学以惊人的速度取得了进展，到 1927 年底，新生的量子力学实际上已经完成了终极表达。在此之前的准备工作（从 1900 年到 1925 年持续了二十五年）之所以取得效果，正是因为物理学家对如何建构这一物理系统有着强烈的直觉。这是与数学家的直觉截然不同的直觉，尽管经常出现错误的论点，但却孕育出促进物理学发展的成果。

　　对于直觉这个问题，我的一个朋友，一位实验低温物理学家告诉我："你必须非常了解你的实验设备，了解你正在测量的系统，了解你正在观察的现象，做到无须思考就能给出正确答案的程度。如果有人问你（或你自己问自己）一个问题，你必须马上给出正确的答案，随即经过反思，你必须能够说明为什么答案是正确的。"乔瓦尼·加拉沃蒂在他那本力学杰作的序言中说，一个好学生应该反思定理的证明，直到定理对他来说天经地义，而证明因此变得毫无用处。

　　直觉很大程度上取决于学科领域。例如，在各种直觉中，有一种基于数学形式主义的直觉。形式主义是一个非常强大的工具，但如果无意识过程本身开始习惯使用程式，这个工具就会变得更加强大。正如我们所见，当我第一次研究自旋玻璃时，我使用了复本法，这是一种伪数学的形式主义（从某种意义上说，在多年以后，我所用数学的正确性才得到证实），它让我在还不知道自己正在做什么的情况下就得出了结果，然后又用了很多年才弄明白这些结果的物理意义。我在不知不觉中建立了一套数学规则，借此来明确自己计算工作的方向，然而却永远无法将这些规则形式化。

　　以无意识的方式向前推进并不只是解决科学问题的典型

过程。20 世纪的伟大作家卢切·德·埃拉莫曾经说过，当她写小说时，通常是这样进行的：把她此前写完的部分再读一遍，决定下个场景如何开始。在那一刻，她脑海中浮现着书中的角色，让他们在新的场景中行动，而她则从旁观察："我不规定他们应该做什么，但我想象着他们，观察他们的一言一行、一举一动，而我只是把这些记录下来。"这与庞加莱和阿达马描述的过程如出一辙。

认识结论

现在，我想提出最后一个观点，它表明我们的思维方式比我们想象的要复杂。我经常遇到这样一个棘手的问题：当我们对最终结果一无所知时，很难证明某一论断是对还是错。如果有一些带有强烈启发性的观点可以表明某一论断是正确的（或错误的），通常（但不总是这样）论证起来就会容易得多。否则，在没有任何迹象的情况下，我们会预计最多花上一倍的时间就能得出最终结果：我们用一半的时间在假设结果是正确的前提下考虑问题，而用另一半的时间在假设结果是错误的前提下考虑问题。然而说起来容易，做起来难。实际上，一个人常常试图寻找论据来证明某一论断的正确性，如果失败了，他会设法证明这一论断是错误的，结果变成他在两种态度之间左右摇摆，不会走得更远。也许我们可以有意识地从一个假设转移到与之相对的假设，但无意识仍然是混乱的。

有次亲身经历让我很是吃惊，它突出了一点点额外信息的巨大作用。一个非常有趣的性质（简单起见，我称之为 X）已在极其简化的模型中得到证实，对于理论发展而言，了解这一性质是否可以在现实系统中得到证明是至关重要的。我和朋友们多年来一直在谈论这个问题，但没有人知道应如何加以论述，我们也怀疑假设这种性质是真实存在的，它是否可以被证明。

有一天，我的朋友西尔维奥·弗朗茨告诉我，他和卢卡·佩利蒂一起证明了 X 性质，用了一个非常简单却又极为巧妙的主意。我为此感到高兴。后来我去了巴黎，在一次会议上宣布我坚信 X 性质是可以证明的。我没有公布结果，因为我想等我的朋友写下他的论述。会议结束后，另一位朋友马克·梅扎尔在巴黎高等师范学院的楼梯上对我说："对不起，

乔治,你为什么说你坚信 X 性质是可以证明的呢？你很清楚,
我们是无法证明的。"我回答说:"马克, X 性质刚刚被西尔
维奥·弗朗茨和卢卡·佩利蒂证明了, 他们告诉了我论证过
程, 而且论证是正确的。"令我大吃一惊的是,梅扎尔立刻说:
"啊, 是的, 我知道怎么证明了。"于是, 他当场如此这般地
为我大致讲解了正确的论证过程。只凭一些道听途说的简单
信息, 得知 X 性质可以被证明, 就足以让他在不到十秒的时
间内完成了长期求之不得的证明。

　　发人深省的是, 有时候一点点信息就足以使一个已经让
人费尽心思的领域取得实质性的进展。例如, 爱因斯坦说,
在 1907 年他深入思考重力的问题, 有一天他有了"一生中
最幸福的直觉":我们以自由落体运动下落时, 会感受不到重
力, 重力在我们周围消失了;重力取决于其参照系, 通过选
择适当的参照系, 可以消除重力, 至少在局部是这样。从这
一观点出发, 他创立了广义相对论, 这也许是他最深刻和最
超前的贡献。

　　据说爱因斯坦是在一次奇怪的事件之后就产生了直觉
(我不确定这是不是真的, 但如果不是真的, 那编得也很好)。
一个粉刷匠来为爱因斯坦刷房子, 他在四楼工作, 坐在脚手

架上的椅子上。有一天，粉刷匠动作幅度太大，失去了平衡，跌落脚手架时还保持坐在椅子上的状态，幸好只是摔断了几根骨头。几天后，爱因斯坦在与邻居交谈时问道："谁知道可怜的粉刷匠跌落时在想什么？"邻居回答说："我和他谈过此事，他告诉我他跌落的时候没有感觉自己是坐在椅子上，好像重力消失了。"爱因斯坦抓住了粉刷匠的瞬间感受，从那时起开始创立广义相对论。值得注意的是，万有引力理论的起源总是与坠落的事物联系在一起，对牛顿来说是苹果，对爱因斯坦来说是粉刷匠。

科 学 的 意 义

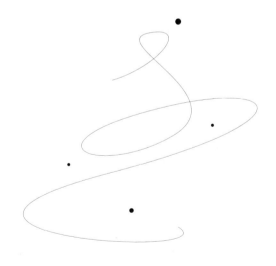

强调科学研究立竿见影的影响是荒唐的。法拉第的回答很有名，当英国大臣问他，做这些电磁学实验有什么用的时候，他说："目前我不知道，但将来您很可能会对它征税。"

"科学就像性一样，也有实际的后果，但这并不是我们干这事的原因。"20世纪世界上最伟大的物理学家之一，也许是最富有同情心的物理学家理查德·费曼这样说。

这句话，连同但丁那句以命令口吻说的"你生来不是像畜生一样生活，而是要追随美德和知识"，很好地反映了科学家的主观热情。科学是一幅巨大的拼图，每一片适得其所的组成部分都能为其他部分的加入创造更多的可能性。在这幅巨大的马赛克拼图中，每个科学家都在为之添砖加瓦，自觉地做出了自己的贡献，当他们的名字终被遗忘时，后来者会爬上他们的肩膀，极目远眺。

我们可以想象这样一个关于科学事业的生动比喻。夜间，

IN UN VOLO DI STORNI

一群水手在一个不知名的岛屿登陆，他们在海滩上生起篝火，开始观察周围的事物。他们在篝火上放的木头越多，可见的区域也就越大；但在此之外，总有一片神秘的区域，被笼罩在漆黑之中，几乎无法察觉。远处火光的微弱光芒打破了这片死寂，但随着篝火亮度的增强，那片神秘的区域却变得越来越大。我们越探索宇宙，就会发现越多需要探索的新区域，每次发现都让我们能够提出许多以前我们绝对无法想象的新问题。

然而，除了这些认识之外，对于科学家来说，享受解开这些谜题的乐趣才是至关重要的。我的老师尼古拉·卡比博在谈论科学家该怎么做时曾经说过："如果我们没有乐趣，为什么要研究这个问题呢？"有件事通常会让科学家们感到惊讶，那就是因为做自己热爱的事而得到报偿。我的好朋友奥雷利奥·格里洛曾发出感慨："做物理学家是一项苦差事，但总比体力劳动强得多。"

然而，极少数情况下，以前的科学家才是出身富裕家庭，并且一直在长期闲适的情况下进行研究的（想想老普林尼或费马的例子），除此之外，科学家总会面临养家糊口的问题，因此以前从事科学实践的主要目的就是解决生计问题。只要

想想历史上最早出现的科学之一——天文学就明白了。如今
我们生活在灯火通明的城市中，因此很难具体想象，在原始
文明社会，那些掌控季节更替和群星运转，还能预知月食（更
不用说可怕的日食现象了）发生的人会拥有怎样的社会地位
和权力。

就算赞助人的动机可能只是出于对文化的热爱或对社会
声望的追求，以前的科学家却从来没有忽视过实际应用的重
要性，例如，伽利略提出使用木星卫星掩星作为确定绝对时
间的方法，无需精密的时钟就能确定经度。实际上，伽利略
的提议过于烦琐，所以在实践中遭到了拒绝，这个问题在接
下来的一个世纪里因精密计时器的使用而得到了彻底解决，
这种计时器确保了后来百余年的科学研究。

同样出于调整科学研究的目的，17世纪和18世纪许多
学院成立，至今仍占主导地位：1603年成立的意大利林琴科
学院、1660年成立的英国皇家学会、1666年成立的法国科学
院、1743年成立的美国哲学学会。美国哲学学会特别有意思，
它是由本杰明·富兰克林一手创立的，其宣称的主旨是促进
有用的知识。

随着时间的推移，科学对社会越来越有用（经济发展基

于科学的进步），但也越来越昂贵，需要越来越复杂的设备和组织。第二次世界大战标志着以大众为基础的科学（"伟大的科学"）开始登台亮相，范内瓦·布什联合了6000名美国科学家为战争效力，同时还有50 000人一起工作，研制第一批原子弹。今天，意大利的研发部门仅占国内生产总值的1%多一点，但在韩国，这个数字达到了4%以上（韩国不仅在2002年世界杯上淘汰了我们，在科学研究与开发方面的投入也比意大利多三倍）。

科学及其机构需要得到社会的资助，至于科学家们开不开心根本不值一提。1931年在伦敦召开的科学技术史大会上，苏联代表团非常明确地表达了这一观点。尼古拉·布哈林（苏联高层政治人物，曾非常受欢迎，后来成为斯大林大清洗政策最著名的受害者之一）曾经写道："为科学而搞科学本身就是幼稚的想法，它混淆了在极其严格的劳动分工体系中工作的职业科学家的主观热情 [……] 与这类具有重大现实意义的活动的客观社会作用。"

如果没有纯科学齐头并进的发展，技术的进步是难以想象的。正如1977年《蜜蜂与建筑师》一书中明确指出的那样，纯科学不仅为应用科学提供了得以发展的必要知识（语言、

隐喻、概念框架），还具有更为隐性的作用，其重要性并不
亚于前者。事实上，基础科学活动是测试技术产品和刺激先
进高科技产品消费的巨大循环。

　　科学与技术的这种深度融合可以表明，在一个越来越依
赖先进技术的社会中，科学拥有光明的未来（今天广泛使
用的手机，其计算能力达到每秒数千亿次运算，差不多就像
二十五年前庞大的超级计算机一样）。

　　然而，在今天的现实世界中，情况似乎正好相反。当今
社会存在强烈的反科学倾向，科学的声望和人们对科学的信
任正在迅速下降，占星术、顺势疗法和反科学的实践活动（例
如 NoVax 事件 ① 或否认叶缘焦枯病菌为普利亚橄榄树病致病
原因的事件，更不用说关于新冠病毒的问题了）与如狼似虎
的技术消费主义一起传播。

　　要彻头彻尾理解这种现象的根源谈何容易。大众对科学
的不信任也可能是由于科学家们某种程度的傲慢，与其他那
些尚无定论的知识相比，科学家将科学说成是绝对的智慧，
哪怕实际上根本不是这样。有时候，科学家的傲慢表现为不
去想方设法向公众提供已掌握的证据，而是要求公众基于对

_____

① 指反对注射疫苗的思潮。

专家的信任而无条件地接受某些观点。拒绝接受自身的局限性会削弱科学家的声望，这些科学家经常在公众舆论面前过度炫耀科学是值得信赖的，但事实并非如此。公众舆论会以自己的方式感受到他们观点的偏颇与局限。有时，糟糕的科普人士几乎将科学的成果描述成一种高级的巫术，其玄妙之处只有行家才能理解。这样一来，在面对被渲染成魔法的、难以接近的科学时，不是科学家的人会被推向反科学的立场，寄希望于非理性的东西（马可·德·埃拉莫在 1999 年的杂文集《直升机上的萨满》中详细讨论了这个主题）：如果科学变成了伪魔法，那为什么不去选择真正的魔法呢？

盲目相信科学发展是技术发展的必然需要，可能是一个悲剧性的错误。罗马人掌握了希腊的技术，却不太关心科学，在亚历山大宗主教区利罗的指使下，狂热的基督徒心安理得地杀害了数学家和天文学家希帕提娅，根本不考虑这种行为的长期后果，反而为消灭了世俗知识而欣喜若狂，这些知识在他们看来非但无益，反而有害。

然而，即使科学将继续在全球范围内发展并推动技术进步，我们也不敢保证在意大利这样的国家会发生同样的情况。从恩里科·马泰的神秘死亡（1962 年）开始，到好利获得公司等企业研发试验失败后，大工业对科学研究日益冷淡，系统性的去工业化成了我们历史发展的主线。我们的领导者很有可能决定把意大利的工业和科学研究放在越来越次要的地位，让这个国家慢慢滑向第三世界。

如果看到公立学校缓慢衰落，以及意大利政府在文化遗产保护方面的财政投入大幅下降（只说这些就足够了：罗马斗兽场的修复是用私人经费完成的，唯一资助演艺事业的基金每年都会减少，如今已缩减到二十年前的一半），我们就会意识到，意大利所有的文化事业都在缓慢而持续地衰落。

我们必须全面捍卫意大利文化，绝不能丧失将其完好传承给下一代的能力。如果意大利人失去了他们的文化，这个国家还剩下什么？我们需要建立意大利所有文化从业者（从幼儿园教师到各种学院，从策划人到诗人）的共同阵线，以应对和解决当前文化面临的急迫问题。

我们捍卫科学，不只是因为科学的实用性，还因为它的文化价值。我们应当有勇气效仿罗伯特·威尔逊。1969 年，当一位美国参议员再三追问，在芝加哥附近的费米实验室建造粒子加速器有什么用，特别是能否用于保卫国家的军事时，罗伯特·威尔逊回答说："它的价值在于对文化的热爱，这就像绘画、雕塑、诗歌，就像美国人民以爱国之心从事的所有活动一样，它无助于保卫我们的国家，但它使保卫我们的国家变得更有价值。"

为了使科学成为一种文化，必须让大众了解科学是什么，以及科学和文化在历史发展和今天的社会实践中如何交相呼应。我们要以平易近人的方式解释当世的科学家都在做什么，当前他们面临的挑战是什么。这并不容易，尤其是对于以数学为核心的硬科学而言。但是，有志者事竟成。

人们常说，没有学过数学的人是不能理解硬科学的。但同样的问题我们在欣赏中国诗歌时也会遇到，中国诗歌是文学与绘画不可分割的合体，诗歌的原始手稿就像一幅画，其中每个表意的汉字都是这幅画中的元素，但它们每次都呈现出不同的面貌。翻译会使中国诗歌完全失去绘画的维度，不懂中文的人则无法领略这种诗画之美。但正如可以用意大利语来欣赏中国诗歌之美一样，我们也可以让不懂数学、没有做过科学研究的人了解硬科学之美。

这并不容易，但却有可能做到。我们需要千方百计地让许许多多的人走近现代科学。如果不这样做，作为科学家是难辞其咎的。

我 无 怨 无 悔

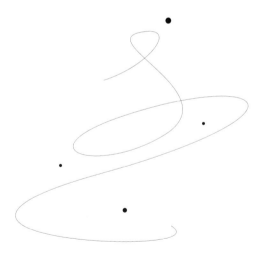

在欧洲核子研究中心吃午饭时，蒂尼·维尔特曼建议我："不要做太多事，专注于为数不多但却重要的事情。"

　　我压根就没弄明白，在 25 岁的时候让诺贝尔奖从眼皮底下溜走是一件值得拿来炫耀的事，还是有点丢脸、最好能忘到脑后的秘密。我倾向于后者，但由于这个故事很精彩，我还是照讲不误。只是需要花些工夫了解一下背景，否则会显得索然无味。

　　让我们回到 20 世纪 60 年代末。实验方案非常清楚：质子、中子和当时已知的其他粒子之间发生强烈的相互作用。换句话说，如果我们让这些粒子发生碰撞，它们的轨迹就会发生变化，在能量非常大的情况下，碰撞会产生出许多其他粒子。值得注意的是，当撞击能量极大时，两个质子像两个台球一样相互弹开的碰撞非常罕见。

这种碰撞的稀缺性可以用这样一个理论来解释：质子和中子是复合粒子，在碰撞过程中，它们完全变成碎片，因此无法完整地反弹出去。然而，随之需要了解的是，构成质子和中子的粒子，其基本构成成分有怎样的行为。这有两种可能：

- 即使在高能下，这些粒子反弹的碰撞也很频繁。因此，在所有能量状态中，它们之间都进行强烈的相互作用。在这种情况下，物质的行为总是难以理解，且在高能下不存在简化。

- 基本粒子反弹的碰撞并不频繁，也就是说，粒子在高能下相互作用很弱，彼此之间几乎是透明的。质子和中子成分的高能行为很容易计算：它们在实际情况中的轨迹没有改变，就好像没有相互作用一样。这种理论今天被定义为渐近自由（用物理学家的行话来说，当粒子不偏离其轨迹时，理论就是自由的，而渐近就意味着"在高能下"）。

渐近自由理论的优势在于，在高能下，一些量可以用相当简单的方式计算出来，因此有大量现象都是可以预测的，这一点让理论物理学家感到欣喜。然而，鉴于宇宙不大可能是为了让理论物理学家生活得轻松而设计出来的，所以这一论点并不意味着宇宙一定可以用渐近自由理论来描述。

我开始研究第一种假设，我之所以更喜欢第一种，是因为这是最难理解的状况，而且想要获得结果就必须面对更大的挑战。这也像伊索寓言中讲的一样，不想吃葡萄是因为葡萄"太酸"。事实上，谁也想不出这样一个理论：随着能量的增加，可能的组成成分之间相互作用越来越小。我相信少数思考过这个问题的人都会认为这样的理论可能不存在。1955年，俄罗斯天才物理学家列夫·朗道注意到，在所有已知的理论中，相互作用的强度都随着能量的增加而增加，除了可能类似于电磁相互作用的情况，但在这种情况下场本身是带电的（这被称为杨－米尔斯理论），计算起来非常困难，所以当时无法知道它是否正确。从技术角度来看，列夫·朗道发现了控制高能行为的函数（通常被称为 beta）的存在：如果 beta 函数为正，则相互作用始终保持强烈；如果 beta 函数为负，则该理论是渐近自由的。

1968 年，理查德·费曼提出，已知粒子由点状成分组成，在高能下的相互作用可以忽略不计，他称这些点状成分为"部分子"，因为它们是物质的一部分。尽管这个提议得到了认可，但构建渐近自由理论的努力却迟迟没有得到回报。

直到 1972 年，西德尼·科尔曼发表了一篇论文，其中表明，即便参照比列夫·朗道研究的模型更复杂的模型，这位俄罗斯物理学家的结论仍是完全合理的。还需要对杨－米尔斯理论进一步研究以掌握 beta 函数的符号问题：负号将是一个具有深远物理意义的意外惊喜。具有讽刺意味的是，多年后我们才发现，早在 1969 年，俄罗斯物理学家约瑟夫·B. 赫里普洛维奇就完成了这项计算，并发表在一本译成英文的俄罗斯杂志上，而且我们的图书馆里就有。这位可怜的物理学家走在了时代的前面。尽管他的计算清晰而优美，但却没有人注意到这一成果，我发现它也纯属偶然，是在这本杂志上找另一篇论文时无意中发现的。

当时我很清楚在杨－米尔斯理论中计算 beta 函数符号的重要性。然而，我当时关注的是另外一个问题（相变的问题），并没有在这个问题上花太多工夫。我记得 1972 年春天，我读完科尔曼的论文后，开始反思 beta 函数在这个理论中的符号。有一天，当我沉浸在父母家的浴缸里时，我凝视着橙色大理石的墙壁，专心致志地思考这个问题。我很快确定 beta 函数必须由三个不同部分的总和构成：其中两个部分具有相反的符号并相互抵消，第三部分则是没有互补的正数，所以总和也应该是正的。但是，假如我再多花一点时间，用我在理论上掌握、即便从来没用过的杨－米尔斯理论的计算规则来进行计算的话，也会很快意识到，我应该添加第四个组成部分，是负数，它决定了最终的结果将是负数。但我却喜欢正数的结果，我没有验算，留下了错误的想法。不过我想要讲的不是这个故事，这只是一个典型的由于仓促而导致的错误，不是特别重要，但却有助于串起往事。

接着，情况突变。1972 年夏天的马赛研讨会上，荷兰乌得勒支大学 26 岁的物理学家赫拉德·特霍夫特宣布他已经计算出了杨－米尔斯理论中 beta 函数的符号……结果是负的！然而这个伟大的声明却遭受了冷遇，在场的人很少，也没有太在意。我的一个朋友，该领域的专家，一年后才对此做出追问，他记得特霍夫特确实说了些什么，但实在是无法还原来龙去脉了。

唯一能完全理解特霍夫特结论重要性的人是库尔特·西曼齐克，一位 50 多岁的德国杰出物理学家，他敦促特霍夫特写一篇关于这一课题的文章。特霍夫特与他的论文导师蒂尼·维尔特曼刚刚一起解决了弱相互作用理论的一个基本问题（他们因此共同获得了 1999 年诺贝尔奖），并着手设置极难的量子引力计算，而这个 beta 函数的计算对他来说比做道习题难不了多少，所以就没花时间将它写下来。

当时我与西曼齐克非常要好。1972 年 11 月，我去汉堡拜访了他两周，他带我去了电视塔顶的餐厅，在那里可以吃到你想吃的所有蛋糕（一共有六种，我每种吃了一块），我们去看了一版绝美的《魔笛》，他还请我去他家吃晚饭，吃的是煎鲭鱼烤饼，配上增强发酵乳和浓缩牛奶。我们讨论了几十个小时共同关心的物理学问题，但令人惊讶的是他没有和我谈及特霍夫特的研究成果。正如一年后维尔特曼向我解释的那样，西曼齐克曾告诫他说"帕里西太狂野了"，心浮气躁，最好什么都不要告诉他。西曼齐克是担心我利用特霍夫特的结论写一篇介绍这一课题的文章，为了让世人认可他的贡献。发表文章这件事在我看来是完全合理的，但西曼齐克更希望让这一成果由特霍夫特本人，而不是作为中间人的第三者向世界宣布。

直到 1973 年 2 月，我才从西曼齐克那里听到关于特霍夫特结论的消息。那时，我刚刚在相变方面取得了重大进展，并没有把这个结论太当回事。但我刚来到日内瓦的欧洲核子研究中心两个月，鉴于特霍夫特也在同一个研究中心工作，我们就约好在某日上午见面，讨论如何利用他的研究成果建立一个关于质子和其他粒子的理论，也就是渐近自由理论。

　　事实上，我们需要确定作为理论基础所必要的可能性成分，并验证在哪种特殊条件下，特霍夫特的计算会得出一个负的 beta 函数。这看起来很容易，1964 年人们提出夸克的假设，1971 年盖尔曼、巴丁和弗里奇提出了夸克理论，根据该理论，每个夸克以三种不同的颜色存在，通过交换有色胶子相互作用，从本质上讲，这是特霍夫特在杨 - 米尔斯理论的基础上将胶子与夸克相关联的产物。我非常熟悉盖尔曼的理论，他来过罗马，并在一次公开研讨会上展示了这一理论，他在会上表明，这一理论解释了弗拉斯卡蒂实验室中 ADONE 加速器采集的数据，而我本人就在这个实验室工作。盖尔曼的论证基于夸克在高能下不相互作用的假设，因此该理论是渐近自由的。我曾打赌，认为结果正好相反，即夸克即使在高能下也会继续相互作用，还非常傲慢地将盖尔曼的结论归结为幼稚，因为他没有考虑到夸克相互作用理论的所有复杂性。这件事早被我抛在脑后了。

事后看来，我与特霍夫特的对话简直是超现实的。

"嗨，赫拉德，你得出的结论太棒了。让我们看看是否可以用它来建立一种理论，用以描述质子和其他粒子。"

"好主意，乔治！那该怎么做呢？杨－米尔斯场必须有某种荷！我们选什么荷呢？"

"也许可以用电荷和其他同类的荷。"

"可是不行啊，乔治。这会给实验数据带来无法克服的困难！"

"我们看看是否能有个权宜之计来实现我的想法。"

"不，这不可能。"他向我详细解释了这个问题，我找不到任何空子可钻。

"你完全正确，赫拉德！你的理论不能用来描述质子和其他粒子。太可惜了。我们过几天再见。"

我们丝毫没有想到像盖尔曼曾提到的那样考虑色荷。那时候，不管在什么地方（哪怕是在黑板上）能让我看到盖尔曼这个名字，或者在接下来的几天里，哪怕有人在餐桌上谈起盖尔曼模型，我都会恍然大悟，径直跑到特霍夫特那里，向他高呼："有办法啦！"这样的话，要不了几天我们就可以验算完毕，把论文发给学术期刊。这简直是蠢到家了，我对此负有全部责任。特霍夫特是一位见解非常深刻的理论物理学家，能够分析理论中极其精微的问题，而我则对实验工作和文献中的各种模型了如指掌：那个找到正确模型的人应该是我。就这样，1973年的那个下午，我们与诺贝尔奖失之交臂。幸运的是，对我们二人而言，这都不是唯一的一次机会。

几个月后，休·大卫·波利策，以及大卫·格罗斯和弗兰克·维尔切克，他们双方同时复现了特霍夫特的计算，并正确验证了杨－米尔斯场的荷。这是量子色动力学的诞生，这篇文章为三位作者赢得了2004年的诺贝尔奖。我在一旁只留下一个很好的故事而已。

许多年后，我在一次会议上遇到了一位朋友，他一直在密切关注这个故事。我们在走廊里谈到了肯·威尔逊，他因相变理论而于1982年获得诺贝尔物理学奖。我们特意回顾了威尔逊的论点，在他看来，非渐近自由的理论会更加优雅，但由于宇宙的创造者不是一个裁缝，因此优不优雅并非理论的决定性标准。我补充说，那时候我完全同意威尔逊的观点，也是出于这个原因，我没有付出太多努力去探寻一个令人满意的渐近自由理论，我觉得应该把我与特霍夫特的一段谈话内容讲给他听。他立刻就抓住了重点：

"可是，乔治，你就从来没想到过像盖尔曼提出的那样用颜色吗？"

"没有。"

"怎么可能呢！"

"我的确是没想起来。"

"也许你当时再多想半个小时就会迎刃而解了。"

注 释

我写这本书已经很多年了，这源自安娜·帕里西对我的一些采访。这些采访变成了本书章节的雏形，但在这里我只选择收录和扩展与我在 2021 年 10 月获得诺贝尔奖的动因有关的话题。安娜并非我的亲戚，但我很愿意参与她的几个科普项目，她也帮助我起草了本书的一些章节。

本书中的三章内容此前曾发表过，此次做了一些修改。《物理学与生物学之间基于隐喻的交流》和《想法从何而来》两章最初是林琴科学院两次罗马会议上的发言报告，两次会议主题分别是"科学中的隐喻与符号"（2013 年 5 月 8 日至 9 日）和"创造力自然史"（2009 年 6 月 3 日至 4 日），两卷会议论文集分别于 2014 年和 2010 年由科学与文学出版社出版。《科学的意义》一章曾以"科学何用之有"为标题发表于《科学》杂志五十周年纪念专刊（2018 年 9 月）。

本书各章题记的内容来自多年对加布里埃莱·贝卡里亚、弗朗切斯科·瓦卡里诺、路易莎·博诺利斯、努乔·奥丁等人的采访，在此表示感谢。

以下是各章中提到的文章和材料的参考文献。

与椋鸟齐飞

呈现我们研究项目最初成果的论文是 M. Ballerini, N. Cabibbo, R. Candelier et al., Interaction ruling animal collective behavior depends on topological rather than metric distance: Evidence from a field study, *Proceedings of the National Academy of Sciences* 105, no. 4(2008), pp.1232-1237。

这句引用自马克斯·普朗克的话，出自1913年10月4日A. 索末菲致玻尔的一封书信，见由 U. 霍耶编辑的 *Collected Works*, vol. II, Elsevier Science Ltd, 1981。

物理学在罗马，五十多年前的事

1964年1月盖尔曼与茨威格分别独立提出夸克模型的论文是 M. Gell-Mann, A schematic model of baryons and mesons, *Physics Letters* 8, no. 3(1964), pp.214-215 和 G. Zweig, An SU(3) model for strong interaction symmetry and its breaking, *CERN Report* No. 8182/TH.401。颜色的引入见 O. W. Greenberg, Spin and unitary-spin independence in a paraquark model of baryons and mesons, *Physical Review Letters* 13, no. 20 (1964), pp. 598-602。

关于野鸡肉与小牛肉的比喻，见 M. Gell-Mann, The symmetry group of vector and axial vector currents, *Physics* 1, no. 1 (1964), pp.63-75。

相变，也就是集体现象

关于重整化群，我参考的肯尼斯·威尔逊的文章有：K. G. Wilson, Renormalization group and critical phenomena. I. Renormalization group and the Kadanoff scaling picture, *Physical Review B* 4, no. 9 (1971), pp. 3174-3183; II. Phase-space cell analysis of critical behavior, *Physical Review B* 4, no. 9 (1971), pp. 3184-3205; Renormalization group and strong interactions, *Physical Review D* 3, no. 8 (1971), pp. 1818-1846; Feynman-graph expansion for critical exponents, *Physical Review Letters* 28, no. 9 (1972), pp. 548-551; K. G. Wilson, M. E. Fisher, Critical exponents in 3.99 dimensions, *Physical Review Letters* 28, no. 4 (1972), pp. 240-243。

自旋玻璃：引入无序

最早关于自旋玻璃模型的论文有 S. F. Edwards, P. W. Anderson, Theory of spin glasses, *Journal of Physics F: Metal Physics* 5, no. 5 (1975), pp. 965-974; D. Sherrington, S. Kirkpatrick, Solvable model of a spin-glass, *Physical Review Letters* 35, no. 26 (1975), pp. 1972-1996。

此外，还有我本人的一系列论文：G. Parisi, Toward a mean field theory for spin glasses, *Physics Letters A* 73, no. 3 (1979), pp. 203-205; Infinite number of order parameters for spin-glasses,

Physical Review Letters 43, no. 23 (1979), pp. 1754-1756; M. Mézard, G. Parisi, N. Sourlas, G. Toulouse, M. Virasoro, Nature of the spin-glass phase, *Physical Review Letters* 52, no. 13 (1984), pp. 1156-1159。出版专著为 M. Mézard, G. Parisi, M. Virasoro, *Spin Glass Theory and Beyond: An Introduction to the Replica Method and Its Applications*, Singapore: World Scientific Publishing Company, 1987。

进一步的应用，见：G. Parisi, F. Zamponi, Mean-field theory of hard sphere glasses and jamming, *Reviews of Modern Physics* 82, no. 1 (2010), pp. 789-845。

物理学与生物学之间基于隐喻的交流

A. D. Sokal, Transgressing the boundaries: Toward a transformative hermeneutics of quantum gravity, *Social Text* 46/47 (1996), pp. 217-252.

文章可参阅 www. jstor. org/stable/466856。

如果没有我的老师、学生和同事们的贡献，我就不会成为今天这样一个科学家（不言自明，科学研究也是一种集体现象，一个复杂系统）。我在书中提到了一些人，也漏掉了成百上千位应当记述的人，对于他们，我的感激之情难以言表。

译名对照表
（按汉语音序排列）

A

A. 索末菲 A. Sommerfeld

阿道夫·凯特勒 Adolphe Quetelet

埃托雷·萨鲁斯蒂 Ettore Salusti

埃万杰利斯塔·托里拆利
 Evangelista Torricelli

艾伦·D. 索卡尔 Alan D. Sokal

爱德华多·阿马尔迪 Edoardo Amaldi

爱德华兹（萨姆·爱德华兹）
 Edwards（Sam Edwards）

安德烈亚·卡瓦尼亚 Andrea Cavagna

安娜·帕里西 Anna Parisi

奥雷利奥·格里洛 Aurelio Grillo

奥斯卡·格林伯格 Oscar Greenberg

B

巴丁（约翰·巴丁）
 Bardeen（John Bardeen）

保罗·费耶阿本德 Paul Feyerabend

保罗·卡米兹 Paolo Camiz

保罗·罗西 Paolo Rossi

本杰明·富兰克林 Benjamin Franklin

玻尔兹曼（路德维希·玻尔兹曼）
 Boltzmann（Ludwig Boltzmann）

伯特兰·罗素 Bertrand Russell

D

大卫·格罗斯 David Gross

丹妮拉·安布罗西诺
 Daniella Ambrosino

德里达 Derrida

狄拉克（保罗·狄拉克）
 Dirac（Paul Dirac）

蒂尼·维尔特曼 Tini Veltman

E

恩里科·阿莱瓦 Enrico Alleva

恩里科·费米 Enrico Fermi

恩里科·马泰 Enrico Mattei

恩里科·佩尔西柯 Enrico Persico

恩斯特·伊辛 Ernst Ising

F

范内瓦·布什 Vannevar Bush

菲利普·沃伦·安德森
 Philip Warren Anderson

费马（皮埃尔·德·费马）
 Fermat（Pierre de Fermat）

弗兰克·维尔切克 Frank Wilczek
弗朗切斯科·圭拉 Francesco Guerra
弗朗切斯科·卡洛杰罗
    Francesco Calogero
弗朗切斯科·瓦卡里诺
    Francesco Vaccarino
弗里奇（哈拉尔德·弗里奇）
    Fritzsch（Harald Fritzsch）
弗里乔夫·卡普拉 Fritjof Capra

H

海森堡（沃纳·海森堡）
    Heisenberg（Werner Heisenberg）
赫克托·鲁宾斯坦 Hector Rubinstein
赫拉德·特霍夫特 Gerard 't Hooft
亨利·庞加莱 Henri Poincaré

J

加布里埃莱·贝卡里亚
    Gabriele Beccaria
加布里埃莱·韦内齐亚诺
    Gabriele Veneziano
伽利略·伽利莱 Galileo Galilei
杰弗里·丘 Geoffrey Chew

K

卡洛·迪·卡斯特罗 Carlo Di Castro
柯克帕特里克（斯科特·柯克帕特
    里克）
    Kirkpatrick（Scott Kirkpatrick）
克劳迪奥·卡雷雷 Claudio Carere
克劳迪奥·普罗切西 Claudio Procesi

肯·威尔逊 Ken Wilson
肯尼斯·威尔逊 Kenneth Wilson
库尔特·西曼齐克 Kurt Symanzik

L

拉康 Lacan
拉赛蒂（弗兰科·拉赛蒂）
    Rasetti（Franco Rasetti）
老普林尼 Plinio il Vecchio
理查德·费曼 Richard Feynman
利奥·卡达诺夫 Leo Kadanoff
列夫·朗道 Lev Landau
卢卡·佩利蒂 Luca Peliti
卢奇亚诺·马亚尼 Luciano Maiani
卢切·德·埃拉莫 Luce D' Eramo
路易莎·博诺利斯 Luisa Bonolis
罗伯特·威尔逊 Robert Wilson

M

M. 斯皮内蒂 M. Spinetti
马尔切洛·德·切柯
    Marcello De Cecco
马尔切洛·孔韦尔西 Marcello Conversi
马尔切洛·奇尼 Marcello Cini
马可·阿德莫洛 Marco Ademollo
马可·德·埃拉莫 Marco D' Eramo
马克·梅扎尔 Marc Mézard
马克斯·玻恩 Max Born
马克斯·普朗克 Max Planck
马西莫·特斯塔 Massimo Testa
麦克斯韦（詹姆斯·麦克斯韦）
    Maxwell（James Maxwell）

米格尔·维拉索罗 Miguel Virasoro
默里·盖尔曼 Murray Gell-Mann

N
南部阳一郎 Yoichiro Nambu
尼尔斯·玻尔 Niels Bohr
尼古拉·布哈林 Nikolaj Bucharin
尼古拉·德·奥雷姆 Nicola d' Oresme
尼古拉·卡比博 Nicola Cabibbo
尼古拉·苏拉斯 Nicola Sourlas
努乔·奥丁 Nuccio Ordine

P
泡利（沃尔夫冈·泡利）
　Pauli（Wolfgang Pauli）
朋特科尔沃（布鲁诺·朋特科尔沃）
　Pontecorvo（Bruno Pontecorvo）

Q
乔尔·舍克 Joël Scherk
乔瓦尼·加拉沃蒂 Giovanni Gallavotti
乔瓦尼·约纳－拉西尼奥
　Giovanni Jona-Lasinio
乔治·茨威格 George Zweig
乔治·卡雷里 Giorgio Careri
乔治·萨尔维尼 Giorgio Salvini
区利罗 Cirillo

R
热拉尔·图卢兹 Gérard Toulouse

S
塞尔吉奥·费拉拉 Sergio Ferrara
塞格雷（埃米利奥·塞格雷）
　Segrè（Emilio Segrè）

T
托马索·卡斯特拉尼
　Tommaso Castellani

U
U. 霍耶 U. Hoyer

W
瓦伦丁·特莱格迪 Valentine Telegdi

X
西德尼·科尔曼 Sidney Coleman
西尔维奥·弗朗茨 Silvio Franz
希帕提娅 Ipazia
谢尔顿·格拉肖 Sheldon Glashow
谢林顿（大卫·谢林顿）
　Sherrington（David Sherrington）
休·大卫·波利策 Hugh David Politzer

Y
雅克·阿达马 Jacques Hadamard
亚当·施维默 Adam Schwimmer
伊莱内·贾尔迪纳 Irene Giardina
约翰·施瓦茨 John Schwarz
约翰·伊利奥普洛斯 John Iliopoulos
约瑟夫·B. 赫里普洛维奇
　Iosif B. Khriplovich

IN UN VOLO DI STORNI: LE MERAVIGLIE DEI SISTEMI COMPLESSI
by Giorgio Parisi
Copyright © 2021 Mondadori Libri S.p.A., Milano
Simplified Chinese edition copyright © Thinkingdom Media Group Ltd., 2022
All rights reserved.

著作版权合同登记号：01-2022-2703

图书在版编目（CIP）数据

随椋鸟飞行：复杂系统的奇境／（意）乔治·帕里
西著；文铮译. —— 北京：新星出版社，2022.8
ISBN 978-7-5133-4923-9

Ⅰ．①随⋯ Ⅱ．①乔⋯ ②文⋯ Ⅲ．①物理学－普及
读物 Ⅳ．① O4-49

中国版本图书馆 CIP 数据核字 (2022) 第 074124 号

随椋鸟飞行：复杂系统的奇境
〔意〕乔治·帕里西 著
文铮 译

责任编辑 汪 欣
特约审校 金瑜亮
特约编辑 王 悦
营销编辑 吴泓林
装帧设计 韩 笑
内文制作 王春雪 贾一帆
责任印制 李珊珊 史广宜
内文插图 Studio editoriale Littera，Rescaldina (MI)

出 版 新星出版社 www.newstarpress.com
出 版 人 马汝军
社 址 北京市西城区车公庄大街丙 3 号楼 邮编 100044
　　　　 电话 (010)88310888 传真 (010)65270449
发 行 新经典发行有限公司
　　　　 电话 (010)68423599 邮箱 editor@readinglife.com
法律顾问 北京市岳成律师事务所

印 刷 山东韵杰文化科技有限公司
开 本 850mm×1168mm 1/32
印 张 5
字 数 89千字
版 次 2022年8月第一版 2022年8月第一次印刷
书 号 ISBN 978-7-5133-4923-9
定 价 49.00元